南洋茶味

何华 著

SPM
南方出版传媒
广东人民出版社
·广州·

图书在版编目（CIP）数据

南洋滋味 / 何华著. —广州：广东人民出版社，2020.1
ISBN 978-7-218-14030-8

Ⅰ. ①南…　Ⅱ. ①何…　Ⅲ. ①饮食—文化—东南亚　Ⅳ. ①TS971.2

中国版本图书馆CIP数据核字（2019）第271423号

NANYANG ZIWEI
南洋滋味
何　华　著

出 版 人：肖风华

主　　编：李怀宇
责任编辑：李展鹏
装帧设计：张绮华
责任技编：周　杰　周星奎

出版发行：广东人民出版社
地　　址：广东省广州市海珠区新港西路204号2号楼（邮政编码：510300）
电　　话：（020）85716809（总编室）
传　　真：（020）85716872
网　　址：http://www.gdpph.com
印　　刷：广东信源彩色印务有限公司
开　　本：889毫米×1194毫米　1/32
印　　张：7.125　　字　　数：150千
版　　次：2020年1月第1版
印　　次：2020年1月第1次印刷
定　　价：59.00元

如发现印装质量问题，影响阅读，请与出版社（020-85716849）联系调换。
售书热线：020-85716826

自　序

我对“美食家”一词，既没感觉，也不认同，从苏东坡到汪曾祺，他们终究是文学家——不过是在饮食上非常用心的文学家而已。吃，只是他们生活的有机组成部分，一日三餐，自自然然，尽管有所追求，但也就是一种业余兴趣而已，并不像袁枚对美食的“过分”热衷，而我恰恰觉得苏东坡和汪曾祺的饮食境界是超越袁枚的。吃，最好不要走职业化道路；画家，最好也不要宫廷化。

我遇到一些真正懂吃的人，多出自名门世家，他们基本上不写饮食文字，所谓：“不着一字，尽得风流。”

2018 年 7 月，我随白先勇老师去天津，“老美华”董事长韩志永请客，设在“青莲水岸养生食府”。老美华手工布鞋舒适，中式衣衫潇洒，没想到韩先生那天摆的一桌宴，实在精美异常，妙的是并非鲍参肚翅，多是普通食材，可端出来的味道，令人惊喜连连，其中一道萝卜，让我联想到《红楼梦》里的茄鲞，真不知怎么折腾出来的。那天，白老师吃得不亦乐乎，甚至有点走神恍惚，我们打趣道："太好吃了，白老师都吃晕掉了。"美食，到了极致，是会让人忘乎所以，进入一个空虚境界的，人看起来是晕乎乎的，没错。

有一年，我去北京拜见章大姐，大姐出身不凡，家底厚实，豪气大方，常请年轻人吃饭，她的年轻同事或朋友，见到章老师就欢呼："今天不用吃盒饭了！"那天章老师请我在双子座大厦"福润龙庭"吃午餐。章老师是这里的常客，每次必点文武火牛肉，她兴致勃勃地夸道："这里的牛肉，全世界最好。"实际上，我不爱吃牛肉，但在这样的场合，岂能扫老师的兴？我当然跟着章老师大快朵颐。奇怪的是，那天我也觉得这家的牛肉好吃极了，不是客套，而是真实感受。这件事，也给我一个启发，喜欢不喜欢一样食物，并非"牢不可破"，端看转变的契机是否到了。

新加坡有一位女画家，住独立式洋房，她先生性格静僻冷淡，不喜欢屋内气味浓郁。女画家的拿手菜是咖喱鸡和潮州卤鸭，她就在院子里搭了炉灶，架上大铁锅，用木柴煮咖喱鸡或卤鸭，天哪，香味腾起，四邻惊动，连狗都隔篱馋吠，此起彼伏，一片欢闹，有跃跃进院之势。女画家说起这茬子事，充满自豪。她说，每次煮咖喱，都会一碗一碗分给邻居。这个故事我一直牢记着，觉得美好。我们小时候，邻居之间也有分享食物的传统，张家送来一碗饺子，李家不会空碗送回，一定填满一碗圆子。"隔锅饭香"，一点不假，邻家送来的食物总比自家的好吃。

好的美食总在私家，总牵私交，美食离不开朋友。我有幸喝到美均姐的老普洱茶、白新春茶庄少东白进火先生的武夷岩茶和铁观音、深利美食馆蔡华春先生的“鸭屎香”单丛；有幸吃到师母淡莹送的后院自产极品香蕉、彬生姐自制的亚喳（achar）、秀梅姐自制的酒酿、蓓青自制的雪媚娘、炳梅自制的八宝饭、“嬿青私房菜”自制的鲜肉月饼。因为自制，因为情谊，因为独特，都给饮食加了分、添了味。也感谢许梦丰老师时有招饮，尤其六七月蛏子上市季节，莆田餐馆便成了许老师举办“蛏子嘉年华”的场所。许老师饱读诗书，兴趣广泛，文史典故随手拈来，出口成章，一餐饭吃下来，往往精神上的享受大于美食。

在吃上，因为有节制，所以才会有节奏、有情调、有韵致。一味放纵，来者不拒，在我看来是吃的大忌。一个大腹便便的人，自称什么都吃，什么都能吃很多，这算什么？也许就算这几年流行的“吃货”吧。条件许可的情况下，吃，还是应该讲究一些，精细一些，但不要奢靡，不要作怪。物理学家兼诗人黄克孙教授有次告诉我，他看了一个电视美食节目，一群妇女把一根根豆芽切口，里面镶嵌一根鸡丝，烩成一道菜。老先生嘲笑道：这道菜挺无聊的。其实，在我看来，不仅无聊，简直变态，准是清宫里弄出来的名堂。清朝艺术，也是繁琐华丽，把雕虫小技发挥到了极致。

感谢陈瑞献先生为拙作题写书名，陈先生是真正懂吃的人，他自己也不写美食文章，但别人访问他，记录了他对饮食的见解，舌粲莲花，精彩纷呈，是我读过的最好的美食文章之一。我也要感谢唐吟方先生的若干幅配图，清雅深致，为本书增光添彩。

出版一本专门谈饮食的书，我是有点惶恐的，觉得底气不足，如果没有编辑怀宇兄的推动，我是不敢的。不管怎么说，要感谢李怀宇先生，他给了我莫名的勇气，让这些饮食文字辑集出版。书名叫《南洋滋味》，因为书里第一辑写的都是与南洋有关的饮食；南洋之外的则收在第二辑里。对我而言，文学总在加持着美食，也延伸着美食的意味。我每一次的寻味，内心都暗藏着一个非常自我的因素，是为了实现自己的一个愿望，而这个愿望绕来绕去都离不开文学经验。所以书里有些文章，只是在谈文学时，附带提到饮食，譬如《陪白先勇去看毛姆》、《张充和与“宝洪茶”》、《辛楣请客》这几篇。

大家只知道苏轼发明了“东坡肉”，也知道他爱吃“竹笋焖猪肉”，殊不知他晚年一改习气，最爱吃蔬菜水果，偶尔吃肉，也只吃“三净肉”。东坡居士的饮食历程，值得借鉴。人的胃口，终究要退化，随着年纪的增大，一定是越吃越少，越吃越素。记得父亲晚年卧床七年，胃口不佳，以前最爱吃的鱼肉都推到一边，只留下玫瑰腐乳，用来配粥。不免兴起感慨：人只要健康，吃什么都香。

各位看官，趁年轻养成良好的饮食习惯，且吃且珍重：细水长流，滋味不败。

南洋滋味

印华 著

目录

辑一 在南洋

辑二 在人间

南洋滋味

养成良好的饮食习惯，且吃且珍重：

细水长流，滋味不败。

在南洋

我的南洋茶餐室情结

这几年我常去马来西亚背包旅游，逗留最久的场所就是街边茶餐室（也叫茶室，和港式茶餐厅是两码事）：高高的屋顶、悠悠的吊扇、马赛克地砖、友善的老人、摊开的《星洲日报》、香浓的咖啡、移动的光影，有些还配置龙脑木椅、云石圆桌，仿佛一头扎进了过去的老岁月里。就这样以一个外乡人的身份孤立于南洋的语境里，却其乐融融。“什么都可以想，什么都可以不想，便觉是个自由的人。”茶室除了售卖咖啡、红茶、咖椰面包、半熟蛋（加黑酱油、胡椒，拌着吃），大多还附设鸡饭、云吞面、叻沙等小吃摊位，开辟了南洋小镇最具市井风情的一方天地。我确认自己有南洋茶餐室情结。槟城、马六甲都是我喜爱的城市，不过游客云集，去一次也就够了。我跑得最欢，一去再去的还是大马那些二三线的小城小镇，譬如芙蓉、麻坡、怡保、金宝、文冬、居銮等，可以在那里的茶室里一耗就是老半天，时间似乎有了另外的意义，我也似乎变成了另一个自己。南洋茶餐室，仿佛成了我的福地和道场，有了些“朝拜”的意味。

日前刚上了一趟福隆港（Fraser's Hill），没有从吉隆坡直接去，而是绕道文冬。为什么？当然是想领略一下这个以众多美食著称的古朴小城。从吉隆坡 Titiwangsa 车站，搭乘长途巴士，一小时十分钟即可抵达文冬。山城的事实，加上地名“冬”字的潜在误导，想当然以为文冬应该较凉爽。可是六月午后的小城，骄阳似火，没有一点凉意的恩赐，真是枉担了这山城的名目。街道两边店屋的竹帘都拉了下来，影影绰绰，几只猫慵懒地躺在廊道地板上，一动不动，表现出“心静自然凉”的范儿，令人生羡。我走进新美利茶餐室，几个安哥（老伯）正在打盹，我这个异地人的进入很快驱走了安哥们的睡意，给他们单调的生活提起一点新鲜劲儿。于是，我和他们及店老板的对话开始了。这是我去大马的二三线小城周而复始的经验，这也是我了解当地情况最重要的途径，弥补了书本和网上资讯的不足。闲聊中，得知老板姓陈，海南人（难怪他们店冲泡的咖啡这么香），他的准女婿周末也来店里帮忙，说一口台湾腔华语。“留台的？”“是。”一问一答间，慢慢热络起来。听说我第二天要去避暑胜地福隆港，这对翁婿还主动为我联络德士司机，并谈妥合理的价格。文冬在 20 世纪四五十年代，是马共的重要基地。听新闻界老前辈陈加昌说，当年他曾跟随部队前往文冬、福隆港一带采访，战战兢兢。马共神出鬼没，防不胜防。

文冬的豆腐好吃，花生好吃，云吞面也好吃，当然“文冬姜”就更有名了。我们聊着当地的特产，陈家未来女婿突然问我吃过文冬的“什雪”吗？他说长途车站附近有一家叫“球宝”的雪糕店，不可错过。离开新美利，投奔球宝，点了 ABC 什雪，果然好滋味。

说到茶餐室，麻坡小镇最令人流连。江南、江滨、华南、新亚、源美，茶室纷呈，不胜枚举，这也是我格外偏爱麻坡的原因之一。麻坡的老建筑之多大概排在槟城、马六甲之后位列大马第三吧？这些老建筑风格多样，包括了海峡折中式（Straits Eclectic）、艺术装置式（Art Deco）、早期现代式（Early Modern）和实用主义（Utalitarian）。马来亚大学和新加坡国立大学的专家学者联合对麻坡的建筑进行考察，于 2011 年出版了 *Muar: Tributaries and Transitions* 一书，其中新亚茶室是他们重点研究的四个对象之一。除了新亚，麻坡的很多茶室都古色古香，空间场景极有韵味。

最是记得，有一次在居銮的“雪园”，吃了两块娘惹糕后埋头看郁达夫的《迟桂花》。很久没有这么一气呵成的阅读经验了，如果我硬要说这是郁达夫最好的小说，一定与那天的环境和心境有关。郁达夫的小说，我读大学时迷过，中间二十年几乎没有碰过，这几年又开始进入新一轮迷恋期。他的《茫茫夜》、《秋柳》、《迷羊》、《过去》、《春风沉醉的晚上》，这几篇我也偏爱。我多次逗留雪园，喜欢它的黑白招牌，给花花绿绿浓浓烈烈的南洋平添一丝冷清与雅致，颇有点东洋的简约，恍惚间甚至误把“雪园”认作了“雪国”。它也让人联想到苏格兰建筑师、艺术家麦金托什（Mackintosh）设计的 The Willow Tea Room，这间位于格拉斯哥的杨柳茶室，招牌也是黑白的。雪园和杨柳茶室比较，等级差了十万八千里，但小小一方招牌，却有“见贤思齐”

之心，难得。

另一个让我怀恋的城镇是怡保，那儿的茶室也令人称道。旧街场一带的新源隆、新源丰、南香、亚洲，这几家茶室挨得很近，构成怡保“最诱人的街角”，简直就是我心目中“南洋风情”的典范。怡保白咖啡大名鼎鼎，怡保人离开家乡，兜里一定少不了袋装的速溶白咖啡。白咖啡在，家乡就在。

有时，我会想：上述大马这些二三线城镇年轻人都外出打工，只剩老人留守，多亏还有茶餐室给老人一个聚会的空间。实际上，它们也给暮气沉沉的老城带来了人间烟火。感触最深的是怡保旧街场，晚上漆黑一片，可清晨新源隆等几家茶餐室一开门，人山人海热闹非凡（我纳闷，这些人从哪冒出来的？），吃喝原来是小城最重要的生活画面。想到第二天早上的蓬勃生机，晚上的黑咕隆咚似乎也可以忍受了。

我不知道，再过若干年，马来西亚这些老情老调的茶餐室会像新加坡那些一样慢慢消失、转型吗？

新加坡“亚坤”这一类老字号，卖的咖啡红茶还是老式手工滤袋式冲泡，加的是炼乳，香滑顺口。这类老字号以前都没有冷气，台子用大理石做面，摸上去冰冰的；沿用托盘厚瓷杯，完全是南洋器物。追逐时尚的年轻人渐渐疏离祖辈父辈熟悉的“公共空间”，他们在亚坤找不到感觉，对年轻人来说“公共空间”的意义是“看与被看”，去亚坤看老人和被老人看都不是姹紫嫣红的少男少女所乐意的。十多年前我刚到狮城那会儿，亚坤还相对传统，最近三五年亚坤也改变经营模式，打进冷气盈盈的购物中心，离“现代”是越来越近了，大概也是适应潮流的选择。

我曾在金炎路住过两三年，那时常去67 Killiney Kopitiam总店，最爱他们的烤尖头面包，连吃两份，游刃有余。这几年他们和亚坤一样，也是开了一大堆分店。物以稀为贵，一旦分店林立，我也就失了兴趣。

若要体验正宗的南洋咖啡，不妨去东海岸路的“真美珍”，它是新加坡现存最久的海南咖啡店，冲泡的咖啡、奶茶一流，蛋糕也是古早味。可惜它离我的住处太远，一年顶多也就光顾个两三次。去得最多的是海南二街（Purvis Street）的“喜园”，它的地点好，从国家图书馆出来或者逛完长河书局，我都会下意识地步向喜园，喝一杯咖啡，小憩一会儿。喜园的鸡饭口碑不俗，它和隔壁的津津、对面的逸群，形成了狮城海南鸡饭的金三角。

可能受“南洋咖啡”的影响，偶尔起床后，我也冲杯咖啡喝。为图方便，就用在超市买的袋装速溶炭烧咖啡，加“子母牌”炼乳。炼乳的浓香，鲜奶没得比，现在，很多人讲究健康，畏避炼乳，得不偿失，我一边喝一边偷笑。你看，几缕阳光正照在我的餐桌上。

陪白先勇去看毛姆

之前我知道吉隆坡有一间老旅馆兼餐馆——歌梨城（Coliseum Cafe & Hotel）在东姑阿都拉曼路。当年毛姆曾是这里的常客，并在此写了三篇小说。我一直想去朝圣，总是机缘不巧，没有去成。在网上不止一次浏览餐馆的照片，也知道它的悠久历史。总之，看上去有点没落了，硬件设施很一般，但仍保留着殖民时代的风韵，古色古香，旧情旧调。几年前还是清一色老员工，最近不同了，开了分店，雇用了年轻服务生。我想，再过几年一定更加“时光不再”，老味渐消。

不久前，白先勇获马来西亚《星洲日报》主办的2017“花踪世界华文文学奖”，他前往吉隆坡领奖，我也飞去“共沾法喜”。主办方将日程安排得非常紧凑，只有第二天下午五点半演讲结束到七点半晚餐之间的两个小时可利用，在《星洲日报》副总编毓林安排下，刘崑昇经理带白老师和我去歌梨城餐馆坐了一个半小时（路上消耗半小时），感受一下毛姆曾经流连的“场域”。

进入餐馆大门，觉得比照片上看到的还要老旧，头顶上的吊

扇吱吱旋转，有点力不从心，白色桌布也不甚清爽挺括。不过，点的三道食物——炖牛尾、鸡扒、海南炒面——倒是非常美味，白老师想到晚宴在即，有心控制着浅尝辄止，可还是按捺不住，吃了不少。美食当前，我就更加没有自制力了，一人干掉大半。他们还有一道铁板牛排，非常有名，小推车推来，在你面前浇上浓汁，滋啦啦响，一阵烟熏气夹裹着香味弥漫开来，即使餐毕出门，身上也还会保留这股味道吧？这道菜，我们没点。邻桌点了，确实“香气闹人”。

我知道白老师喜欢毛姆的小说，大学时，他的业师夏济安先生曾让他多读毛姆。毛姆的文风干净利索，夏先生要白先勇写作时避免滥情伤感，学习毛姆冷静客观的文字风格，学习毛姆如何讲故事。白老师说他年轻时读了毛姆的长篇小说《人性枷锁》，这部“痴男荡女”的故事令人感慨万千；他认为《面纱》、《驻地分署》、《雨》（《雨》是毛姆在新加坡的莱佛士酒店完成的）也写得非常出色。《人性枷锁》，好莱坞拍了几次，白老师看的是 1964 年的版本，女主角是金露华（Kim Novak）。早在 1934 年，《人性枷锁》就被搬上银幕，贝蒂·戴维斯饰演女主角，她把粗俗恶毒放荡自私的坏女人米尔德丽德演绝了，这也是好莱坞电影中第一个“bitch”形象。《生活》（*Life*）杂志认为“这可能是有史以来美国女演员在银幕上最棒的表演”。毛姆另一篇杰作《信》，故事背景与新加坡和马来亚有关，也被搬上银幕，片名翻译成《香笺泪》，大导演威廉·惠勒把这部片子拍得非常耐看，成为一部文艺片经典。《香笺泪》的女主角也是贝蒂·戴维斯，她的银幕形象对毛姆小说的流行起了很大作用，功不可没，但私底下，毛姆却说她长得丑。贝蒂不美，但也不丑，她只是“作”得很——是个大名鼎鼎的“作女”。

沉樱翻译过毛姆的几个短篇，她译得非常自然流畅，没有翻译腔。《疗养院里》一篇，毛姆把苏格兰一间肺结核疗养院里的各类人物写活了，勘破世情的作家在小说结尾却用爱情救赎病魔，有了这一“翻转”，境界当然不同了。很幸运，肺结核现在已经不是什么不治之症了，但我们要记住它成全了很多伟大小说，譬如托马斯·曼的《魔山》。

我个人最喜欢毛姆的长篇《刀锋》及短篇《美德》、《驻地分署》（后两篇与马来亚有关）。尤其《刀锋》，一度是我的枕边书，男主角拉里的性格很是迷人，视之若醒，呼之则寐，若即若离，稍纵即逝，你抓不住他，但他围绕着你。朋友曾说我和拉里“心有灵犀，暗通款曲”，我笑纳。拉里是我的精神偶像，他的生活态度我能学的学，不能学的心里暗自欣赏。白老师对好莱坞老电影非常熟悉，他说《刀锋》也有电影，英俊小生泰隆·鲍华饰演拉里，是部好片子。

毛姆与好莱坞有缘，他的多部小说和剧本被拍成电影，风靡全球，他是好莱坞的大红人。事情总是有得有失，纯文学作家则说毛姆是二流作家，毛姆本人也不争辩，自认：“我是二流作家里排在前列的。”他是有自知之明呢还是缺乏自信抑或自谦？不管哪种，事实上他是一位杰出的、雅俗共赏的小说家，且影响不减，这就够了。而某些所谓的“一流作家”早已被人遗忘。

“深利”的生腌螃蟹

各地都有生腌螃蟹，有的名为咸螃蟹、醉蟹、酱油螃蟹（譬如韩国）或呛蟹。做法也大同小异，无非酱油、盐、酒及蒜姜辣椒等各种调料腌制而成。

先说说我们安徽的“屯溪醉蟹”。用当地新安江浅滩中的一种小螃蟹腌制而成。酒也是就地取材，使用徽州封缸酒，有一股糟香。我去过徽州很多次，到了那里当然要吃徽菜，记忆里只有一两次吃到过屯溪醉蟹，看来它不是徽菜中的“主角”。当年心里对它还有点排斥，也没觉得多好吃。后来我徽州的朋友还给我带过一坛醉蟹，可见这种食物是可以较长时间保存的，大概它的发明与徽商在外做生意有关，便于携带和储存。

我曾经有一位宁波同事，说起他家乡的呛蟹直流口水，觉得宁波呛蟹是天下第一美味。据他介绍，他们老家的做法是“极简主义”——就在盐水里泡一天，蟹背朝下，压上一块石头，其他什么都不放，不过挑选梭子蟹和调制盐水非常讲究，全凭经验。

吃的时候再蘸醋，配上黄酒。

实际上，我的肠胃不是很好，对“生”的肉类“不敢造次”，包括日本刺身。友人不止一次提到“深利”潮州美食馆的生腌螃蟹，对它赞不绝口，令我跃跃欲试。这道菜蔡华春老板也不轻易示人，必须熟人提前预订，才肯展露。那天友人请吃深利，特别预订了两只生腌螃蟹。不瞒你说，为了一饱口福，我提前吃了两片黄连素，想想，又加了两片。我家住兀兰，跑到勿洛，来回路上耗费三小时，故作打油诗一首：“巴士地铁又巴士，斜穿星洲到深处。只为潮州腌螃蟹，预吞四粒黄连素。”不过太值得了！蔡华春说，他做生腌螃蟹，调料主要是麻油、老抽、蒜头、辣椒，不放酒。他强调“麻油也可以杀菌”，我倒是第一次听说。他选用的是青蟹，雌的。当我把一小团蟹黄送进嘴里的那一刻，简直如全身通电，打了一个“激灵”，觉得自己的口腔找到了一片桃花源——“仿佛若有光”。这一口，完全颠覆了我之前对“生”东西的偏见。

说到潮州腌蟹，就想到蔡澜，我曾问他最喜欢什么菜，他说，世界上最好吃的莫过于母亲做的菜——“比如有一道咸螃蟹。我觉得只有我妈妈才能做出那么好吃的咸螃蟹。先到市场买膏蟹，回家洗净，壳拆掉，切六块，浸泡酱油里，酱油量是三分之二，其余的三分之一是盐水。加一小杯白兰地，和大蒜瓣、辣椒一齐早上浸，晚上才吃。吃之前，撒上用瓶子压碎的炒花生，还有醋。整道菜的特色是：酸甜苦辣。这道菜现在很少有人做了”。

是的，腌螃蟹很少有人做了。“李贵”以前卖，去年歇业了；

“源兴”也不制这道异味了。幸运的是，蔡华春还会做。蔡澜母亲嗜白兰地，所以少不了它。深利的做法是不加酒，但同样醉人。

但愿荆钗布裙去度时光

青春年少时，喜欢花红柳绿，尤爱宋词的华美婉丽；步入中年后，渐能领会陶渊明诗文辞赋的冲和、朴实和峻洁。据梁启超考证，陶渊明生卒年为公元 372—427 年，活了五十五岁。他所处的时代正是晋宋易代的社会动荡期。陶渊明的《归去来兮辞》写于 406 年，这篇陶在三十四岁完成的作品，成了他一生创作前后期的界限。这一年，他辞去彭泽令而退隐田园，彻底放下了做官念头，从此他可以死心塌地过他要过的日子，写他要写的文章，所以，《归去来兮辞》之后，陶的诗文境界别开生面，成就也更高。

陶的《归去来兮辞（并序）》写他归隐的欢快与感悟，遣词造句浅白易懂却又内涵丰腴，是人生大智慧的展示。《朱子语录》说："晋宋人物，虽曰尚清高，然个个要官职。这边一面清谈，那边一面招权纳货。陶渊明真个能不要，此所以高于晋宋人物。"朱熹对陶的评价极为精当。他这次辞官之后，就真的隐了。每天与樵子农夫相处，以躬耕、诗酒为乐，过了二十多年清苦却又充实的生活。

并非归隐了就无忧无虑，一好百好，其中的酸甜苦辣大概也只有陶自己知道，不过他权衡得失，最终做了恰当的选择。陶的生活模式与精神气质，为王维、孟浩然、储光羲、常建、韦应物、柳宗元等树立了典范。

闲来听蒋月泉的评弹《杜十娘》，他唱到“青楼寄迹非她愿，有志从良配一双，但愿荆钗布裙去度时光”这几句时，忽生感慨，心想杜十娘和陶渊明都是厌倦了谋生的工作机构（官场或青楼），决定寻找自由自在的新生活。无论“荆钗布裙”，还是“归去来兮”，皆是对粗茶淡饭清简生活的浓缩表达。大概每个人——文人、妓女或普通百姓，内心对静好岁月的向往都是一致的。

我的学弟吃长斋，常和他去武吉甘柏组屋里的一家素餐馆吃饭。一次，吃完饭继续闲逛，发现一家很有品位的冰淇淋店，名字叫 Beans & Cream，我很好奇这样的个性小店为什么开在地段偏僻的组屋楼下，因为好吃，所以好奇。（反之，也成立。）我俩推门进去点了香草冰淇淋。这个门一旦推开就收不住了，每每饭后就转场，移进这家小店，完成我们的甜品时光。香草、黑芝麻豆奶、绿茶、猫山王、巧克力，这几款冰淇淋各有特色。我嗜好榴梿，当然最爱猫山王了。偶尔也和两位店主聊聊，得知两人之前都是工程师，对职场生涯心生倦意，辞职做自己想做的事。他们从意大利师傅那里学到手工制作顶级冰淇淋的绝活，同时也学会了冲泡咖啡的技术，所以冰淇淋之外，他们的咖啡也是一流。

看着他俩套着布裙（当然没插荆钗），忙前忙后的样子，不禁莞尔，想起前面提到的弹词：但愿荆钗布裙去度时光。

人生短促，虽然白了头，还是照样愁。“三径就荒，松菊犹存”，何不豁将出去方才罢休？正如陶渊明所说：“已矣乎！寓形宇内复几时？曷不委心任去留？”

于是，我逗学弟：“要不我俩也开个茶室，卖点蛋糕？”他说：“让我想想。”

和白进火一起喝茶

我在安徽合肥出生，长大。安徽是绿茶大省，小时候都是喝六安瓜片、舒城小兰花，井底之蛙一般，根本不知天底下还有别种茶。第一次喝铁观音、普洱茶应该到了二十多岁的年纪了，惊讶它们与绿茶的迥异。

到了新加坡后，很幸运结识了一批茶友，在他们的引领下，慢慢进入茶的境地。公共茶馆去得最多的是“茶渊”。私下，情况又不同，喝普洱茶，会去林美均女士家；喝凤凰单丛鸭屎香，会想到“深利”老板蔡华春先生；喝武夷岩茶，就去“白新春茶庄”找庄主白进火先生。

每次踏进摩士街三十六号白新春茶庄，仿佛步入了慢悠悠的老岁月，愿意在此虚度光阴。白进火开朗大度，笑声不断，很有感染力。他对武夷岩茶和铁观音的把握和体认，是我见到的茶人中排在第一位的。有一次，我们拿了五种不同的岩茶，有“牛肉”、“马肉”等，让他“盲品”，结果全部答对，大家目瞪口呆。想想也是应该，他是第四代庄主，家族积累的经验和功夫都在他身上凝聚了。这个“茶脉”不可忽视。白新春茶庄由白金沤先生创立于1925年，这一年时值牛年，白金沤又素有“牛头哥”的绰号，商标设计都在“牛”字上做文章，童牛、水牛、春牛图案构成白新春茶庄的标志。一边喝茶一边听白进火讲古，他说1959年，中国容国团首次获得世界乒乓球大赛男单冠军，老爷子白金沤非常高兴，研发焙制一款铁冠音（改“观”为“冠”），纪念这一喜事。

南洋美食肉骨茶有各种口味，我个人偏好潮（州）式肉骨茶，肉汤清澈鲜甜。本地最有名的肉骨茶摊位是“黄亚细”，不少外国首脑和名人都慕名前往，游客更是蜂拥而至。不过，我不会去黄亚细凑热闹，我周围的几个“吃友”最爱去欧文路的“兴兴肉骨茶”，除了砂锅肉骨茶，蒸午鱼、茼蒿菜、油条，也是必点的。尤其茼蒿，清香四溢，与肉骨茶一荤一素，一黄一碧，堪为绝配。

肉骨茶尽管不是茶，但与茶的关系密不可分。因为地道的肉骨茶档，每张桌子旁边都配有一个煤气炉，用来烧开水。入座后，服务生会将工夫茶具和一小包茶叶奉上，由客人自泡自饮。肉骨茶在南洋通常是早市生意，午后收摊。估计以前干苦力的，早上吃肉喝汤配米饭，比较经饿，而喝茶又能帮助消化，不致觉得油腻。我略微观察一下，肉骨茶摊提供的小纸包茶，多是狮城老字号白新春茶庄的“不知香”。不知香是白新春茶庄在20世纪五六十年代针对肉骨茶档开发的茶叶新品，之前肉骨茶档提供的茶叶都是廉价的粗茶，不知香的价格是这些粗茶的五倍，所以，一经推出即遭同行的讥笑。随着老百姓喝茶观念的转变，不知香一天天为肉骨茶档所接受，一度占有新加坡百分之八十的肉骨茶档市场。以今天的消费水准衡量，不知香并不贵。

有次，我们几个朋友和蔡澜去兴兴吃肉骨茶，老板娘看见蔡澜来了，特别拿出一袋包装精美的茶叶来。蔡澜看了却问，有传统纸包的那种吗？她这才去拿白新春茶庄的不知香。蔡澜说，这种包装，有两层纸，先把茶叶摊开，大的整的茶叶挑出放在一张纸上，碎小的茶叶放另一张。然后将碎小的放在茶壶底，大的压放上面，这样，倒茶时，就少有碎末出来。我们一边看蔡澜示范，一边听讲，学了一招。

普洱，老茶好，我知道，但不知道乌龙也有老茶。有次白进火谈得开心了，拿了三克六十多年的老乌龙，换了小壶小杯，为大家冲泡，一股参香，喝了通体舒爽。我也是在他那里知道了台湾东方美人茶（膨风茶）。膨风茶，由于小绿叶蝉吸咬后，茶叶虽然不美，但经光合作用，产生一种酵素，造就了其独一无二的蜜香。我去台湾也买过膨风茶，味道总觉得不如白进火泡的那款好。吃饭也好，喝茶也好，和投缘的人在一起吃喝，滋味当然会更好。一位法师送了一小罐“鬼肉”（鬼洞肉桂）岩茶，舍不得独自享用，打算和白进火一起喝。

金宝小镇遇六安

近来，每一次出游，最终都归结到“茶”上。

休整了一段时间，又得纳入朝九晚五的轨道。上班前放逸一下，去马来西亚小镇金宝悠哉两天。金宝的瓦煲饭，大名鼎鼎。行前，头脑里跳出的第一个地名就是金宝，下意识里就是为了“陈少卿瓦煲饭”。当然，金宝另一个吸引我的因素：它是成长于马来西亚，现定居英国的华裔作家欧大旭（Tash Aw）的小说《和谐丝庄》的主要背景地。

傍晚时分出了金宝火车站，迎面是山，车站和山挨得这么近，让人欢喜。适逢雨季，山头云雾缭绕，感觉实在好。熟门熟路，步行十分钟就到旧街场。仍住在富利华旅店，放下行李，直奔陈少卿，还是坐在两年前坐过的位子。大约半小时，瓦煲饭上桌，盖子掀起饭香四溢，漫长的等候，值了。配瓦煲饭的一小片煎咸鱼，酥酥脆脆，挤上青柠檬汁，堪称极品。还有一种天然饮料“崩大碗”，青草色，别处喝不到。吃了热腾腾的瓦煲饭，来一杯清热解毒的崩大碗，用餐巾纸擦擦额头上的汗水，舒一口气，神仙也不过如此吧！

慢悠悠晃回旅店，旅店隔壁是“广元泉记药行茶庄”，向里面扫一眼，一位打赤膊的孤老头守着店，记得两年前也是这位打赤膊的老人家坐镇柜台，落寞，遥远，清高。看看时辰还不太晚，进店瞅瞅。除了普洱茶、六堡茶、铁观音，还撞上了“六安茶”。这里所说的六安笠仔茶，不是瓜片，是竹篓装的紧压茶，属黑茶类，或称“旧六安茶”。旧六安茶，并不产自安徽六安，它产自祁门芦溪乡，也叫“安茶”。都知道大名鼎鼎的祁门红茶，祁门安茶却鲜为人知。旧六安茶或安茶，有药用价值，早年都远销到广东、香港及南洋，北方及江南地区一般不喝安茶。安茶兴旺于民国年间，后来一度停产。二十年前，祁门芦溪乡开始恢复制作安茶，成立了“孙义顺安茶厂”和“江南春安茶厂”。不久前我去祁门，打算购些安茶，县城里居然找不到三年五年的，只有当年的新茶。安茶是越陈越好，三年以下的几乎不能喝。本想走访安茶产地芦溪乡，但由于一车人盼着去黟县塔川、协里看秋色，不好意思耽搁大家，芦溪之行只能作罢。没想到在十万八千里外的南洋小镇撞上 2007 年的安茶，真有一种他乡遇故知的亲切感，连忙买了一小竹篓，价格也不贵。南洋气候潮湿，不宜贮茶，虽有些“湿疵”，无伤大雅。安茶本属平民茶，南洋做苦力的，喝了解渴又消暑。大众化的广式茶楼里除了普洱、六堡，也有用安茶的。我告诉老先生，我老家安徽，问他，六安茶是从安徽祁门进货的？他说是从广东进的。看来广东有安茶的代理商。离开时，老人家邀我明天上午来喝茶。

第二天，我吃了早餐，如约而至。老人泡了普洱，我们边喝边聊。得知老先生姓黄，七十多岁，光棍一条。他说："我就是在这个店里出生的。"从小和茶叶、中药打交道的他，即使打赤膊也透着药的气质、茶的韵味。他泡的普洱太过浓酽，像酱油汤，第三泡正适合我，他却嫌淡，倒掉，又换了六堡茶，于我还是太浓。老头子不愧是茶叶店里泡大的。

金宝我是还要来的，来吃瓦煲饭，来买六安茶和六堡茶，你瞧，都是"六"字打头，六六大顺，开门大吉！

嵌在时光里的“老福源记”

价廉物美、有南洋风味的街边小餐馆越来越少了。我心目中的“良店”，应该是普通百姓消费得起、干净简朴、有地方特色、有意趣（不是所谓的高雅情调）、有人情味的餐饮店。“老福源记”，就属这样的良店。

十几年前，在居士林服务时，有次和几位同事去陈瑞献先生的画室谈居士林七十周年纪念册的事，聊着聊着到了晚餐时间，陈先生慷慨留饭，领我们去附近的老福源记，这是我第一次踏进这间店。那天陈先生还自带了一瓶南非产的葡萄酒，尽管我很少沾酒，却很喜欢这酒的口感，所以记住了牌子 Uva Mira 。那天具体吃了什么，没印象了，留下的笼统记忆是每道菜都很好吃。心里叹服：陈先生真会找地方！

老福源记，位于加东的如切路，凹进路边，自成天地。门面古旧，没有冷气，店里店外，加起来不过八九张桌子。颇有 20 世纪六七十年代的老韵致，仿佛时光在这里凹聚凝结，不动声色地隐藏着旧情怀。老福源记离我的住处很远，不可能常去，但只要逮住机会，一定会到此大饱口福。我和几位朋友甚至有过一周之内兴冲冲跑去四次的频繁记录。老福源记的招牌肉骨茶，我们倒觉得一般，除此之外，菜单上每样菜都可以放心去点。咖喱鱼头算是他们的镇店之宝，有别于普通的印度咖喱，多了一份酸味，想必掺有亚参（Assam）调料，很开胃。麻油鸡，香滑浓郁，也极受顾客推崇。不过，我们最爱的还是蒸乌达、咸鱼粒炒豆芽、肉碎烧豆腐、卤豆干。马来西亚的小镇麻坡，烤乌达是出了名的。我去麻坡，一气吃上三四条烤乌达，意犹未尽。老福源记的乌达饼，是蒸的，有股奶香，别有滋味。炒豆芽也是一绝，咸鱼粒细小如末，似有非有，起到调味提鲜的作用；豆芽肥嘟嘟的，赛过怡保豆芽。我是豆制品的忠实信徒，肉碎烧豆腐、卤豆干、卤豆卜，必点其一，或一网打尽。豆制品，我是吃不厌的。

通常，四五人吃下来，不过六七十元，经常去也能承受。一位上了年纪的跑堂安娣，风趣机智，我们戏称她是“南洋阿庆嫂”。安娣记忆力超强，我们点菜，她不用笔写，用脑记，从不弄错。结账时，拿个计算器过来，看着桌上的残盘剩碟，一一累加。有时口里嘀咕着：“今天的鱼头小，就算你十八了。”如此人情味的服务，简直可当作他们附送的“精神甜品”。

老福源记，主厨是兄弟俩，中午晚上轮流掌勺。他们也面临后人不愿接手的窘境。有一天，他们会把店顶让出去吗？顶让后还能保持老滋味吗？令人担忧。我忽然觉得它的消失是注定的，像一颗“定时炸弹”。不过，只要它没有爆炸，时间和荣耀就属于老福源记，就是最后的美好时光。

说实话，本地小贩，煮炒水准最高的应该是芽笼三十五巷的“新发”，也就是号称“五星级价格六星级水准”的那家街角餐馆。我和朋友去吃过，五个人点了五六个菜：螃蟹米粉、新鲜带子、芥蓝等。账单送来，接近四百元。味道确实好，价格相当贵，这样的店只能偶尔一试，岂可常来常往。新发老板一向态度冷硬，在网上被评为新加坡十大恶贩之首，他倒不以为意，照旧我行我素，不改做派。我们打着某某某的名字，老板才挤出难得一见的尴尬笑脸。

新发有它的特色，有它的“愿挨黄盖”。不过，更多人还是希望老福源记后继有人，造福顾客，源远流长。

补记：老福源记已于2017年6月30日停业。

狮城早午餐

我不知道早午餐（brunch）的概念是什么时候、什么原因形成的，也没去深究。新加坡不少大酒店周末都会推出自助早午餐，各家的食物和情调大同小异，吸引不了我。

南洋当然有自己独特的早午餐，至少我是这么想的。对我来说，“星期五晚上”，是一个美妙的时间段，它已经上升成“幸福”、“放纵”的代名词。所谓放纵，也就是可以过了午夜才上床，星期六可以睡个大懒觉，十点多起来。如果只是一个人，我会到附近的亚坤或土司工坊吃个南洋早午餐，一边吃一边还要查查微信，点几个赞，评论几句。如果那时赞点得多，评论美言多，向你透个底：不是你写得好，是因为那天的加央面包烤得好。

当然，最美的南洋早午餐就是和几个朋友一起去吃肉骨茶，没有冷气，边上还有个煤气炉烧水泡茶，热烘烘的，吃得满头大汗。有时吃着吃着，下起了大雨，店家忙着把廊下的桌椅往里面搬移，弄妥当了，雨也停了（老天有时爱作弄人），骄阳从云层里钻了出来，蒸得地上的水汽升腾起来，越发热了。南洋的早午餐，不就该是这般景致与情调吗？偶尔遇到微风凉爽的好天气，吃起来又是另一番风味。

我们常去欧文路的“兴兴肉骨茶”，除了砂锅肉骨茶，他们的蒸鱼、卤猪脚、茼蒿也极好。

如果有远方来客，我们会到“老字号中峇鲁肉骨茶”，他们的卤豆卜一流，甜品“冬瓜白果”更是富有创意。选择这里吃早午餐，当然因为餐后，可领外地朋友看看新加坡首个新式“共同住宅区”。史学家许云樵在《中峇鲁区今昔》一文中写道：“因为这是新式的共同住宅，人文界人士趋之若鹜，纷纷迁入居住。”迁入这里的文化人，属南来作家郁达夫最有名了，他住过的房子，至今还保留着。日前上海来的朋友，看了这一带的建筑，大为惊叹，认为充满了晚期装饰艺术（Art Deco）风格，那样的弧形和垂直线条，在上海的老建筑里可以找到很多对应，譬如邬达克设计的上海大光明电影院，建筑外立面没有什么精雕细刻，却以线条取胜。中峇鲁的建筑也是如此。

有次我们和林美均女士来中峇鲁吃肉骨茶，她带来极品大红袍和老普洱。一桌子的菜，价格大概也抵不上她的几泡茶吧。有好茶助兴，大家从上午十一点边吃边聊一直持续到下午才散。我们都感叹如此“奢华又平民”的早午餐，称得上是南洋的一大特色。南洋的人和物，再怎么富丽，也不糜烂，都还保留着谦卑朴实的草根精神，这点真让人感念。

近日，我们又“移情”至裕廊东的“载顺食阁”，这家的蒸鱼，大名鼎鼎，几个潮州小菜也不错，配上一碗清粥，实在妙不可言。这样的早午餐是会让人心满意足的，一个心满意足的人，应该是个幸福的人吧！

榴梿神话

榴梿，使我联想到马勒的音乐，七分苦三分甜，既让人沉溺又令人亢奋，但最终是美妙的、颤抖的、令人回味的。把榴梿比作马勒的作品，其实太过抽象了。我还是觉得郁达夫对榴梿的形容比较靠谱："有如臭乳酪与洋葱混合的臭气，又有类似松节油的香味，真是又臭又香又好吃。"

没有哪种水果像榴梿一样得到截然相反的评价，有人极喜欢，有人特厌恶。不管怎么说，在南洋，这个并非人人拥戴的怪家伙，还是赢得了水果之王的尊称。

刚来新加坡时，我不排斥榴梿，但也不觉得多么好吃，抱着可有可无的态度。我的老师王润华教授有时会请外地来的学者吃榴梿，我也跟着沾光，总是浅尝辄止，无动于衷。师母淡莹可真是一个"榴梿控"，提到榴梿满脸放光。师母淡莹在马来西亚霹雳州江沙长大，她说小时候她们吃榴梿是很豪放的，因为家里兄弟姐妹多，母亲总是往榴梿摊前一站，指着说，这一摊或这一筐我买了。摊主送货到家，一群孩子蹲在地上，围着榴梿吃，一开始家长开榴梿的速度，赶不上孩子们吃的速度。当然，吃的速度越来越慢，最后吃不动了，也动不了了。那个时候，所有的榴梿都叫榴梿，哪里像现在名目繁多：猫山王、红虾、林凤娇、黑刺、太杭、XO、金凤、竹脚，等等。最近我们聊到榴梿，她的脸色也暗淡了下来，一是因为她觉得榴梿没以前好吃了，二是价格越来越贵了。最初，关于榴梿的知识，都是从王润华老师那里得来的。王老师写过一本叫《榴梿滋味》的书，读了颇受益。

一个月前，马来西亚同事说："今年天热雨少，榴梿好吃。"一直记着这句话。上周终于和朋友一起吃了大名鼎鼎的"邱家有机榴梿"。四个人"扫"了半袋子，价格不菲。人啊，就是无情，之前念念不忘马里士他路的"空军"榴梿摊，自从吃了邱家榴梿后，就把"空军"休掉了。记得有一次，和几位朋友去邱家吃榴梿，有一种红虾，很小，整粒榴梿只有孤零零的一瓣肉，俗称"红虾孤"，极品，今年没吃到。去年在邱家还吃了一种叫"太杭"的榴梿，也好。我个人最喜欢的，还是猫山王，用文字没法写出它的好，在这种至味面前，我们都成了词穷的薛蟠。听说沙捞越有一种红瓤榴梿，有人赞有人弹，未吃过，不知究竟。蔡澜说他去马来西亚劳勿附近一个小山谷里吃老树榴梿，这些老树长在悬崖边，山谷间悬一张网，接榴梿。想想这个画面，都令人心动。

榴梿极其滋补，"一只榴梿三只鸡"。在没有"伟哥"的年代，它无疑就是一粒硕大的壮阳丸。我猜想，早先每到榴梿季节，妇女的受孕率应该比平日高吧？由此看来，"榴梿出，纱笼脱"的

口味总牵挂着
地域与童年

“脱”字所指，不仅是典当的意思，或许还有“宽衣解带”的隐喻。榴梿另一神奇之处是“长了眼睛”，绝对不会掉下来砸在人的头上，除非那个人罪孽深重。这是先人借榴梿劝善惩恶，把道德观念附加给了榴梿。当然，科学的解释是：除非暴风骤雨，榴梿多在半夜掉落，故砸不到人。凡事总有例外，我认识一位朋友的伯父，就是被榴梿砸死的，不过，我们从不在他面前提这事。

有次和郭振羽罗伊菲夫妇、王润华淡莹夫妇一起吃饭，大家聊到榴梿。榴梿，能被封王，自有民俗学和人类学的意义。早期的南洋华侨都迷信榴梿有一种魔力，一旦吃上瘾了，便流连忘返，就会落籍南洋，扎根下来。郭教授和罗老师却不吃榴梿，受不了它的味道，郭教授打趣说：“我有几个爱吃榴梿的朋友一个个都离开新加坡了，反倒是我和罗伊菲‘流连’下来了。”可见，不吃榴梿照样能留下。

当初，下南洋的华人为了能“安定”下来，把希望寄托在榴梿上，并赋予它“神果”的特性。到了今天，新移民在“留下来”这个问题上，有了更为复杂和圆滑的思考，失去了先民的虔诚和单纯，不再迷信榴梿的神性，甚至一笑了之。

榴梿，将演变成一种新的神话。旧的元素将被颠覆，新的内容正在构建。

南洋椰花酒

有时，公共假期碰上周末的三天连假，我会去马来西亚走走。通常的方式是：先过长堤到新山，再乘火车。我总是尽量避免坐长途巴士，却痴情于火车。当然这也意味着我的目的地仅限制在铁路沿线，没关系，这不碍事，再说，有限制的选择反而更加自由轻松，不至于迷失轨迹。旅行，对有些人（譬如我）来说，实在是件“乘兴而行”的事情。图便宜提前一年半载预订机票的事，我提不起精神做。

小城居銮，是我时不时会去晃一圈的地方。从新山到居銮的慢车票价四令吉（大约八元人民币），便宜得让人有点不好意思。尽管火车老旧，开起来摇摇晃晃，叮叮当当，车厢之间的连接部分更是惊险，仰可望天，俯可视地，胆小的年老的体弱的，怕是不敢跨越。但，车厢干干净净，有冷气（虽忽冷忽热），它跑得也尽力（虽气喘吁吁），一小时四十分钟抵达居銮。这样没什么不好呀！

居銮属于马来西亚柔佛州，有山城之称——因为南峇山就在眼前。这也是我喜欢居銮这座小城的原因之一，走在城里，可能某幢建筑挡住了南峇山，别急，拐个弯，你又看到山影了。有一座山时隐时现在你的视野里，漫步的时候肯定多了些悠然。

到了任何一个有年头的城镇，我都会流连它的老街。居銮的老街有很多条，譬如南峇街、张秀科街、火车头街（有居銮的“小印度”之称）等。

单说这火车头街，真是名副其实，出了火车站，转右就是，用“近在咫尺”来形容，一点不夸张。曾在网上看到一条信息“火车头街椰花酒飘香”。第一次我按图索骥，找到两棵超大的芒果树，树下一间小白屋。没错，这里就是售卖椰花酒（toddy）的地方。我来到南洋十多年，可惜从未喝过椰花酒——南洋的梦幻之酒，今天终于可以“梦幻”一场了。白屋后面别有洞天，只见印族男子三三两两举杯围坐，在芒果树下喝着椰花酒。我要了一小玻璃杯，仅一令吉，乳白色，略有浮沫，又酸又甜，还有点儿异味，很奇特的口感。等到一杯下肚，整个人晕乎乎的，看来后劲不小。几个喝得正酣的印度人，主动要我给他们拍照，另外几个害羞的，则闪避一侧。我每次到居銮，这个芒果树下的幽暗角落（其实，还有点邋遢）是必到之地，一杯椰花酒消磨一两个钟头，一回生二回熟，我这个不善饮的人，也慢慢适应了滋味怪异的椰花酒，感觉真是不错！庆幸自己的味蕾日益“本土化”，连椰花酒、榴梿、菠萝蜜、叁峇酱、南洋擂茶汤（由薄荷叶、九层塔、苦刺叶、艾叶等擂制成泥，再冲泡而成）这些“最南洋的食物”都能欣然接受，大概前世与南洋有缘。

椰花酒，是用椰花汁作原料发酵而成。在马来西亚酿制椰花酒的执照不容易申请，这是为了避免过度采集椰花汁而破坏椰树。不过，请放心，居銮这家是有执照的。

因为价格便宜，印度劳工最爱椰花酒，喝醉了，一时糊涂，回家发酒疯打老婆，故有人戏称它为“打老婆酒”。这让我联想到有人叫茼蒿为“打老婆菜”，因为茼蒿松松蓬蓬一大堆，但炒后变成一小碟，丈夫怀疑老婆偷吃，于是打老婆发泄。如今世道不同，男子下厨不足为奇，若遇到悍一点的娘子，把老公修理一顿，也是有的，是吧？

椰花酒是印度人爱喝的廉价酒，想当然以为新加坡的小印度应该有售，我去找过，不得。不知道为什么。

总不能每次坐火车到居銮喝椰花酒吧？而且这种酒保质期只有一天，再说海关是否允许携带我也不敢确定。居銮与我，似乎构成了一种“椰花酒的约定”关系。喝完酒步出庭院，烈日把火车头街一带烤得滚热。天是蓝的，云彩则多变，店屋前一径飘着咖啡、拉茶、咖喱的香味，视觉嗅觉味觉贯通一气，这就是所谓的南洋了。我有时会抱怨南洋的天气，但转念一想，若和风细雨、秋高气爽，那还叫南洋吗？

严格说（放宽说也一样），居銮算不上旅游城市，也没有拿得出的文化遗产，甚至没有一间博物馆。而“没什么景点”往往造就了一座小城的福气，它绝少走街串巷的游客，物价相对便宜，居民的心态平和知足，宰客欺生几乎没有。这样一个平凡的南洋小城，让我几番前往，图的就是它的平凡。

旅行有很多种，有些动机和意义，实在不足为外人道，正如“醉翁之意不在酒（譬如椰花酒）”一样。它不过是一个纯粹的行动，或者一个任性，一个见证，一个痕迹，也可能是一个落难，一个错过，甚至一个走投无路。

梅园古早味

最近在许梦丰老师设的饭局上，认识了沈秀梅女士（她跟许老师学习书画十多年），并获她赠书两本——《梅园食谱》和《我的妈妈》。这两本书成了我近日的床头书，看得津津有味。新马两国写美食的作者，我推举马来西亚的林金城，他的写法已经超越了美食范畴，上升至文化考察和历史回溯层次，但又紧扣“美食”二字，收放自如。梅姑（容我这样称呼沈秀梅）的《梅园食谱》则不同，基本上属于食谱类的书，也即教你如何做菜。南洋的闽南族群喜欢用“古早味”一词，我觉得比“老味道”更生动，也更有古韵。这本书一共收了六十道菜、点心和甜品，都是古早味。梅姑那天和我邻座，她特别对我说：你要留心书里的“温馨记忆”和“温馨提醒”部分。后来我领会到她这句话的含意，确实，有了这两部分的文字，这本书就不仅仅是一本食谱了，它有了别样的意义。

20 世纪 60 年代，梅姑的父亲突然去世，当时的习俗是，丧家三年端午节不能包粽子。左邻右舍和亲戚就会送一些粽子，让孩子解馋。在《福建粽子》一篇的“温馨记忆”里，梅姑写道：“也就是在那年我吃到平生吃过最好吃的粽子，真所谓吃一次记一世。那是住加东区的姐夫的妈妈包了送来我家的。我们都说那是加东富人粽。我还记得那粽子外形看起来就很吸睛，胖嘟嘟（有点像亲家母），四个角均衡端正，打开了粽叶看到晶莹剔透的糯米，整个粽子泛出一层油光，非常诱人。赶紧咬一口，哈！马上就吃到馅料，满嘴流窜咸甜香糯，非一般的好吃，回味无穷。”之后，梅姑凭着记忆学会了包粽子，每年端午前，她的朋友都在等着吃她包的所谓“加东富人粽”。

梅姑家境贫寒，性格却乐观豪放，专长不在读书，十五岁那年她就弃学转而拎起家里的菜篮，一拎就是五六十年，“生活”教会了她做人和做菜。晚年的梅姑除了保持俭朴天性，也显得优雅贤淑。许梦丰老师在序文里提到她年轻时就“工缝纫”，上了书画班后，“能在衣裳上作画”。单凭这一点，她也就“学有所成”了。梅姑热情大方，常把烹制的美食带到书画班和大家分享。许老师一再称许她自制的酒酿、黑糯米粥、三姐辣椒酱等。我打趣许老师：“您这是把书画班变成了美食班了。”不过，这也挺好，生活的意义高于一切。况且，书画与烹饪“殊途同归，其理互通”。

梅姑懂得“法无定法”的道理，每个人口味不同，调味作料也就没有一定的分量可言。在“芪杞当归猪手汤”这道菜的“温馨提示”一栏里，梅姑分享她的心得：“喜咸加点盐，喜甜无花果多放几个，嗜软则多煮二十分钟，都无伤大雅。”做菜和做人一样，都要随喜众生。她还告诉大家：“煮有椰浆的甜品，不能

用大火，大火一滚，椰浆出油味道就坏了。”“凡是用酒烹煮的菜肴不宜太咸，盐多会抹杀酒香味。”这一类的经验之谈，对大家很有益处。

梅姑写的《我的妈妈》一书，有助于我体会《梅园食谱》的潜在滋味，也让我对沈家有了进一步了解，当然，那是“另一个故事”了。秀梅的母亲真了不起。常言道：积善之家，必有余庆。秀梅及她的兄弟姐妹都托了老太太的福吧！

下一站：怡保

有一年春节，我在马来西亚背包旅游。在槟城的客栈，和几位客人混熟了，临走那天，他们问我：下一站去哪？我答：怡保。他们接着问：怡保有什么好玩的？我答非所问：怡保有好吃的。

确实，怡保是座美食城（芽菜鸡、沙河粉、白咖啡最出名），但除了吃喝，怡保还有一种说不清道不明的颓败诡异氛围吸引着我。怡保的建筑花样百出，西洋式、马来式、中式，各种风格混搭。很多电影在此取景，譬如周润发主演的《安娜与国王》、李安执导的《色·戒》。

怡保曾因锡矿繁荣，旧称“锡都”；因被山岭环抱，名为“山城”。怡保火车站先声夺人，气派不凡，它是典型的摩尔式建筑，俗称“怡保的泰姬陵”。晚上我就入住火车站楼上充满殖民情调的 Majestic Station Hotel，它曾是马来亚最好的铁路旅馆，据说毛姆曾下榻过此处。可如今 Majestic 已经陈旧落伍，中低价位，成为背包客的大本营。不过，店主说，很快就要翻新了，我知道所谓的翻新就意味着昂贵的价格，下次来就住不起了。

这些年我在大马一个个城镇晃悠，逗留最久的场所就是街边茶餐室（也叫茶室，和港式茶餐厅是两码事）——非常平民化的公共空间，没有冷气，天花板上的吊扇悠悠地旋转着，老人们有一搭没一搭地闲话家常，《星洲日报》则摊在一边。我就这样以一个外乡人的身份孤立于南洋的语境里，却其乐融融。

怡保的茶室尤其令人称道。旧街场（即老城）一带的新源隆、新源丰、南香、亚洲，这几家茶室挨得很近，构成怡保“最诱人的街角”。茶餐室一早开门，下午收摊。所以，一到晚上，旧街场的市面显得冷清幽暗，吃晚饭的地方寥寥无几。走了几个街区，发现一个亮灯的门面——“鸿图酒楼”，进去点了一碗生虾面，鲜得来“眉毛落脱”，对这碗面我念念不忘，觉得此生没吃过这么味美的汤面。出了鸿图酒楼，天越发黑了，偶尔有车辆呼啸而去，或野猫一晃而过，荒诞，超现实。不过，想到第二天早上的蓬勃生机，晚上《聊斋》一般的气氛似乎也可以忍受了。

我心里还藏着一个重要“景点”，它就是“东华酒吧”。因为行前看了《情人的午后：走访怡保百年东华酒吧》这本书。作者李永安大概实在痴情于这间酒吧，加上和老酒保彭志云有缘，于是一而再再而三无数次走访东华，为这间百年酒吧留下了一则又一则生动的传奇，拼凑出东华既浓艳疯狂又暧昧缠绵的历史风貌。东华的英文名字叫 FMS，是 Federated Malay States 的缩写，和中文名字完全没有关系，据说是早年霹雳州苏丹所取。

东华酒吧有意思，是因为这里的客人有意思，几乎都是在马来西亚工作的洋人，当年多为种植园主和矿主，他们个个落拓、豪放、浪漫、风流、念旧——奇怪，我脑子里立刻跳出王家卫的御用摄影师杜可风的“鬼”样子。他们有的甚至无家可归或有家难回，异乡的酒吧成了他们寻欢的安乐窝、情感的寄托所。李永安用活泼传神的文字将他们的故事一一记录下来，个个精彩至极，个个寂寞难耐，却又不失尊严，仿佛西班牙鬼才导演阿莫多瓦电影里的痴男怨女。当然作者下笔最多的还是酒保彭志云，他是东华的老灵魂，凭他的历练、得体、细心、宽厚，将所有客人招呼得滴水不漏。看到喝多的客人，彭总是劝阻他们：“这是最后一杯了。”对那些醉醺醺的客人，彭更是服务周到：“我可以帮你叫德士了吗？”

有几位马来西亚人到英国旅游，碰到一位几十年前东华的老顾客，这位老人问他们是否知道怡保的 FMS Bar，当他得知彭还在东华时，高兴得很，特别请他们代为问候彭。也有离开的老顾客写了关于东华的诗托人带来给彭，彭珍惜地贴在墙上。东华的墙上还贴了一行天书一般的英文字母：IITYWYBMAD。大家都很好奇地问彭那是什么意思，彭淡淡地说：如果我告诉你，你会请我喝一杯吗？——If I Tell You， Will You Buy Me A Drink ? 那行字就是这个意思。这样的游戏很有趣。让我想到赛林格小说里的猜谜：一堵墙对另一堵墙说了什么？——拐角见。

我来到怡保，朝着心目中的“景点”走去，远远看到这幢熟悉的浅蓝色的建筑（在网上看了无数次图片），兴奋得一如近乡情怯。可到了跟前，一盆冷水当头浇下，原来东华已经关闭，看情形是在装修，不敢确定是翻新后重新开业（若是，也难保昔日风情了！），还是另作它用。看来，时代真的在变，连怡保这座相对稳定封闭的老城也“在劫难逃”，老调调老味道老色泽，正日渐凋零消退。

那一晚，白先勇和我们一起“疯”

白先勇吃过的美食能少吗？绝不少。可他从不写美食的文章，不像周作人、梁实秋、汪曾祺。不过，我们从他的小说里还是可以看到一些美食因素和掌故，譬如《花桥荣记》就写了他家乡桂林的米粉。白先勇自己说：“我回到桂林，三餐都到处去找米粉吃，一吃三四碗，那是乡愁引起原始性的饥渴，填不饱的。”确实如此，1993 年他第一次重返阔别半个世纪的桂林，那次我也飞去桂林，陪了他几天，天天吃的都是米粉。

他的二姐白先慧 20 世纪七八十年代回乡探望，当时的中国媒体，非常政治化，为了统战目的，记者编造说白先慧回美国时“带了一把桂林的泥土”，以示爱国爱乡。那个时候海外华人返乡探亲总是带一把泥土回去，有的没的都这样写，成了宣传模式。白先勇看了报纸大笑说：我姐姐带一把桂林米粉回美国是有可能的。

言归正传，白先勇先后五次访新，他倒是非常喜欢南洋食物。1999 年他来新加坡参加作家节，随后飞往吉隆坡演讲，萧依钊总编请他去吃海南鸡饭（我一时忘了那家店的名字，印象中金庸也去过，墙上挂有他的照片），鸡是菜园鸡，非常鲜嫩，饭也喷鼻香，白先勇从此爱上了海南鸡饭。吉隆坡活动期间，白老师又去怡保探望他的堂姐白桂英，堂姐人缘好，邻居（还有马来人）准备了很多当地美食待客，包括椰浆饭、芽菜鸡、炒米粉、豆沙饼、打扪柚子，摊了一桌子，过年一般。返程时，白老师一再赞叹“怡保的豆芽胖嘟嘟的，好吃好吃”。因为怡保的水好，河粉、豆芽当然比别处强。

后来白老师来新加坡总要去吃海南鸡饭，朋友们多是请他去“文华酒店”的Chatterbox，贵就不说了，品质如何，也众说不一。反正，我觉得不值。2016年6月，白老师来新，我们去了老字号“逸群”，白老师对这家的海南鸡饭评价不错，当然还是不如萧依钊请的那餐。在白先勇的记忆中，那餐鸡饭已经上升到极致，没法超越了。美中不足的是，逸群的服务质量不敢恭维，从老板到店员，个个没有笑脸，对顾客爱搭理不搭理的，问多了还嫌烦。

6月9日傍晚，白先勇在书展上演讲“《红楼梦》的悲剧意识——后四十回的分量”。演讲完了，又是签名，又是接受媒体访问，一直忙到十点才结束，累了一晚上，饭也没顾上吃。我们一行四人去芽笼找地方宵夜，伏钢推荐去“新福兴”吃潮州糜。大概真是饿了，非常普通的潮州大排档食物，白老师吃得津津有味。也好，让他体验一下新加坡的平民食物吧。其实，潮州糜有点类似台北的“清粥小菜”，当然清粥小菜的种类要更丰富些。有一年，我去台北，白老师带我去吃“小李子”，这家的清粥小菜，大名鼎鼎。吃了潮州糜，接着又去吃榴梿，是极品皇中皇，他照样吃得不亦乐乎，同时又吃山竹喝椰子水，上火的清凉的，搭配着轮番来。夜里十二点半，尽兴而归。回到酒店，白老师说：“补充了榴梿能量，现在可以把写了一半的《红楼梦》前言继续写完。”要知道这篇万字长文，也有榴梿的一份功劳。

叻沙（laksa）也是一道典型的南洋美食，一般是用粗米粉配上绿豆芽、大虾、鱼饼，调料则有辣椒、椰浆、咖喱粉等，滋味浓郁，色彩鲜艳，绝对霸气、重口味！白老师没有机会去吃著名的“328 加东叻沙”，他的老朋友王润华淡莹夫妇就在喜来登酒店请他吃了一碗叻沙。白先勇广西人，嗜辣，和叻沙一拍即合，几乎把碗里的汤喝个精光。吃叻沙，能把汤几乎喝尽，段位就比较高了。

白老师对“娘惹”两字极有兴趣，他说：“娘字后面跟着一个惹，撩人撩人。”很遗憾，没有带他去吃一次娘惹菜，新马之外，别处倒是吃不到正宗的娘惹菜。我猜他一定喜欢娘惹菜的。

2017 年 6 月白老师获得《星洲日报》“花踪世界华文文学奖”，他飞到吉隆坡领奖，顺道来新加坡一两日，与朋友欢聚。这次终于有机会，请他及几位朋友去 True Blue 吃娘惹餐，这家餐馆设在娘惹屋里，环境优雅华美，菜也做得好，黑果鸡、仁当牛肉、娘惹杂菜、咖喱虾、叁峇鱼，用各种香料烹制，非常开胃。白老师是白光的歌迷，在座的还有几位白光迷，吃得高兴了，他们一首接一首唱白光，一发不可收，直到餐馆打烊。

那一晚八十岁的白老师和我们一起“疯”，或许他还是最疯的那一个。

小美食

说几样南洋的小菜小点小美食。

亚喳（achar），是很有南洋特色的开胃小菜。它的成分有：黄瓜、胡萝卜、卷心菜、豇豆、黄梨、洋葱、辣椒、黄姜、芝麻、花生等。大概娘惹做这道小菜有名，所以，也叫娘惹亚喳。娘惹是新马一带有钱有闲爱做菜的贵妇人，她们把小菜当大菜来做，兢兢业业，毫不马虎，娘惹尤其注重酸甜辣三味。我曾吃过彬生姐（虽然不是娘惹）做的娘惹亚喳，味道适宜，尤其酿长椒，用料考究，妙不可言。也曾在马六甲一间娘惹馆子遇到一小碟极品亚喳，一口下去，暑气顿消。小菜也好，大菜也好，还是应该和一日三餐保持一点点距离，它是家常，但又不沦于平常，平常就乏味了。做人当然要懂得追求，但也要懂得将就，吃不到彬生姐自制的亚喳，超市里的袋装亚喳也可安慰肠胃。

每个人口味不同，南洋糕点我觉得黄金糕（kueh ambon，也称 bika ambon）最好吃。每次经过 Bengawan Solo，总会买一两块黄金糕，这种糕点呈蜂巢状，有弹性，带有淡淡的酒香，真诱人。它由木薯粉、鸡蛋、椰汁、酵母、糖等制成。也有人称它鱼翅黄金糕，不是里面有鱼翅，而是长形蜂窝像鱼翅。我喜欢黄金糕可能与它的构成含木薯有关，本地经常有流动夜市，搭个棚子就是了，闹哄哄烟熏熏的，我匆匆进去花两块钱买三块煎木薯糕，赶紧出来——无非因为喜欢吃煎木薯糕。说到木薯，除了煎，还可以蒸着吃。蒸木薯糕要配上白色椰丝一起吃。双林寺的素食，初一、十五和周末对外开放，寺里自制的蒸木薯糕，一流！不过不是每次都有，可遇不可求。偶尔吃到，真是心生欢喜。

前年，一位作家好友请画家许梦丰吃饭，邀我作陪。饭桌上我随口说一句“我喜欢吃黄金糕”，不料它也是许梦丰的最爱。印尼棉兰的黄金糕天下第一，许老师曾有学生是苏门答腊棉兰人，以前常带给他黄金糕。他说：“有几种颜色的包装盒，红色的最好。棉兰的黄金糕因为用椰花酒发酵，所以格外香。”一句话点醒了我，难怪，棉兰的黄金糕和新加坡的不同，关键就是椰花酒。我认识一位印尼老板，棉兰人，家乡来人总少不了携带几大盒黄金糕，每次提到老家来人，得意得有点不可告人却又想昭示天下，那神情让我想到张爱玲的句子“他阴恻恻的，忽然一笑，像只刚吞下个金丝雀的猫”。

南洋的气候、阳光，一定影响食物的色彩，我对五颜六色的南洋糕点非常痴迷。有一种蓝花糕（pulut tai-tai）看起来十分雅致，像元青花。蓝花糕一定要配咖椰酱（kaya），才好吃。用新鲜椰浆和香兰叶，配以鸡蛋和蔗糖精制而成的咖椰酱，可谓奇物，让人味蕾惊喜。如果你的听觉特别好，你可以听到咖椰和黄油在热吐司上滋滋嘶嘶的融化声；准确说，不是听到，是看到！那不是听力，应该是视力，或者说两种力综合在了一起。闭着眼睛咬一口，体会一下平民化的醉生梦死，便觉畅然。

李光耀母亲的“米暹”

有一年休了长假，回老家合肥陪陪老母亲。朋友问我，这期间想念新加坡吗？当然想念，大道理免了，至少时不时徒流口水，为了南洋的美食。

休假期间曾搭乘马航飞巴黎，在吉隆坡转机，恰巧，朋友电话来了，问我在干嘛。答曰：正在机场餐厅吃椰浆饭（nasi lemak）。其实，在机上已经吃了一份，可还是馋。我对椰浆饭情有独钟，推举其为南洋第一美食，去马来西亚旅游，早餐总是叫一包椰浆饭。我念念不忘麻坡小镇“才记”的椰浆饭，没有花生米，没有江鱼仔，没有黄瓜片，没有鸡蛋，没有炸鸡，只有一份辣椒酱，滋味尽在“空”（马来语 kosong）中。八大山人的画，也空荡荡呀，但有味道。

新加坡亚当路和樟宜村的椰浆饭很出名，我难得一去。倒是经常去“榜鹅椰浆饭中心”，它一共两间，高文和加东各有一摊。说到加东，就想到这一带的叻沙，因为汤里的粗米粉已经被截成一寸寸的，所以，加东叻沙只用勺子吃，不用筷子。用汤勺吃过后，再用筷子就觉得味道不对。叻沙这食物妙得很，我不会经常想吃，可一旦念起它来，就强烈异常，恨不得即刻去一趟加东。

加东也是娘惹粽子的大本营。我最中意一家叫“金珠”的粽子店，粽子煮得透，选的米也香，料又实在，良店也！新加坡一年到头有粽子卖，所以端午节吃不吃粽子也就无所谓了。金珠的二楼是娘惹饰品店，由店少东黄俊荣掌管。上到二楼，满目珠光宝气、绫罗绸缎。这样一间非常艳丽的店，由一个年轻男子打理，觉得蹊跷。黄俊荣基本上活在娘惹世界的氛围里，像张国荣演的程蝶衣，活在戏里。但愿他永远活在自己的天地里，不染尘埃。

最好的美食永远是私家菜。最近有幸去林美均女士家吃到自制的米暹（mee siam）和烤乌达。说到林家的米暹，来头可大了，它是李光耀母亲亲自教林美均的。林女士刚结婚那些年和李夫人做了十年邻居，美丽大方的优雅少妇，一定颇得李妈妈欢心。林美均说：“我结婚不久，家里都是小锅小罐的，李妈妈把家里的大炒锅带来我家，教我如何做米暹，一晃四十多年了。”我翻阅1976年出版的《李夫人食谱》（中文版），看到米暹的照片，和林家端出来的米暹几乎一样：一大碟米粉，上面饰以煎好的豆干和虾仁，把鸡蛋瓣和切开的酸柑排列在碟边，美丽诱人。浓郁的调料用另一个大碗装盛。

李夫人是娘惹，那时娘惹要想找个好婆家，必须学会烹饪。李夫人在自序里写道：“当时，媒人扮演重要的角色。他们通常在上午十时就找上门来。那正是我们在准备隆巴料（rempah）的时候，他们只需听石杵的敲击声，就知道这家里有无好厨子。从杵捣声中，就可以听出在舂研哪些用料，以及厨子有无经验。”做娘惹，不容易，除了厨艺、缝纫，还必须恭谦有礼。这群勤劳持家的南洋少奶奶，与游手好闲的西方贵妇人不一样。

林家的乌达倒是林美均女士自己折腾出来的，配方秘不示人。她说：小时候家里不少保姆以前都在柔佛州的峇株巴辖卖乌达，后来跟随我家到新加坡照顾我们，我们都称这些保姆为“乌达嬷”。可想而知，林家的乌达是从“乌达嬷”那里传下来的，老滋老味，能不令人垂涎？

十年修成林金城

每到榴梿季节，我们一帮朋友就会聚上几次，大家一边吃，一边感叹天底下怎么会有如此“臭美”的水果。我们也会聊到有关榴梿的文章，这篇那篇说了一圈，我们一致认为林金城写的《榴梿送饭》最好，文中那个穿唐衫孖仔装的外婆形象跃然纸上。一种水果和一个人物在这篇短文里，得到了有机的融合，甚至化二为一。新马两地写美食文章的人，不计其数，读来读去，我还是觉得林金城写得最有味。他 2005 年正式在报刊开设美食专栏，说起来也就十年光景，不算长，却修成正果，赢得好口碑，不仅在新马，在中国也引起了关注。中国游客去马来西亚寻味，都会带上一本林金城的书。2015 年大众书局主办的书展请来林金城，12 月 7 日晚在新达城做演讲，本地“金粉”不可错失良机。

前些年，我搬来移去，居无定所，一到周末就“意乱情迷”，迷乱的时候常往大马跑，走走吃吃聊以慰藉。林金城的书是我行囊里的寻宝图，他提到的摊位和餐室，就成了我瞄准的目标，但若只把它们设定在“美食指南”的狭义范畴，那就小瞧他了。除了实用性，林金城的美食文字，还不乏有趣的掌故、味道的演变、童年的记忆、家族的故事等等，尤其是处处散发出来的南洋风情与风味，这些才是他文章的魅力所在！譬如：他写茶，写的是六堡茶与霹雳州锡矿工人的故事。

林金城在《知食份子》第二集里写了十来种客家茶果（据他考证是茶果，不是茶粿），具体说就是各种粄，鸟仔粄、笋粄、红白喜粄、钵仔粄、萝卜粄、三角菜粄、粗叶粄、艾粄等等，让我大开眼界。萝卜粄现在多以沙葛取代萝卜，我在居銮的“雪园”吃过沙葛粄，雪园的各种传统手工茶果味道美妙之极，每次去居銮，必定到此饱食。林金城从小看到这些五颜六色的茶果，立志长大要当卖茶果的小贩，足见他具有美食的“慧根”，为日后成为美食家埋下伏笔。南洋菜肴和糕点，色彩绚丽，最能呼应南洋的世俗文化特点，视觉上南洋的花草、建筑、衣着，总给人浓艳之感。我十八年前刚到新加坡，惊艳于食物的丰富色彩，尤其是调料和糕点，简直让人眼花缭乱。

“粄”，这个字我也是到了南洋之后才见到的，还有“糜”字当粥使用，“炊”就是蒸，这些对我来说，都是文字上的陌生与惊喜。南洋的蔬菜像番薯叶、马尼菜、甘蔗花，于我也是新鲜体验，尤其马尼菜（树仔菜）更是少见。林金城在《马尼菜炒蛋》一文里提到，这道菜是东马古晋的特色菜，可惜我七八年前去古晋，不知这菜，未能一尝。不过，我知道客家擂茶是少不了马尼菜的，十多年前第一次吃擂茶是在王润华老师家，那天王老师请柳存仁、袁行霈等人，我叨陪末座。十几道切碎的蔬菜（包括马

尼菜）、去衣花生米、豆干丁、萝卜干末，分别装碗，摊成一大桌，蔚为大观，印象深刻极了。

最近才知道林先生也是诗人，想必早年也是文艺青年，不过他写诗没写出什么大名堂。他写诗下的功夫当然没有白费，都为近十年来的美食专栏作了潜在铺垫，难怪他比别人写得有格调，他的“诗心”帮了大忙。美食文字写不好就成了忽悠人的店家广告，林金城不然，在柴米油盐背后站着一个诗人。

蔡澜与美食

潘国驹教授和蔡澜先生是“发小”，两人交情悠长。两周前，潘教授请蔡澜到新加坡演讲，让我做些接待工作。蔡澜好“色”，其实，找个美女接送相陪应该更妥。潘教授“一时疏忽”，把任务交给了我，大概那一刻他头脑里想到的是，我也喜欢“写写弄弄”，比较熟悉蔡澜的文章吧。

说到蔡澜的文章，它们是典型的香港快节奏生活的产物，文风老辣，痛快淋漓，不啰唆不兜圈不耍文艺腔。他写美食、写电影、写旅游、写人情世故，这些都是我偏爱的题材。

一般来说，我们认为新加坡是美食国度，蔡澜却不这么看，只有极少数几家餐馆他认为是好的。我和两位好友请他去一家我们认为最好的肉骨茶摊位，他尝了一口汤，就说不行，吃了一口蒸鱼，又说不行。总之，这不行那不行。他说他有说真话的储备，老了，可以拿出来用。不过，他还是给了我们面子，没有在记者面前说，否则报纸登出来，我们也没脸再去这家店了。吃完肉骨茶，蔡先生提议去吃冰淇淋。他说几年前医生告诉他血糖正常，突然就对甜品有了欲望，那天他除了冰淇淋，还点了一杯粉红的草莓奶昔，一边吃一边自我调侃：“暧昧。”

蔡澜是个享受派。他来新加坡，都是入住殖民时代老邮局改建的 Fullerton 酒店。通常是那间 loft 套房，两层，楼下是厅，楼上卧室。两层皆能由窗口望见海景。蔡澜这次“为了给潘教授省钱”，没有入住 loft 套房，住了一间普通套房。尽管是普通套房，也已经够气派了，别的不说，如此宽大的阳台，其他酒店休想。

蔡澜爱穿也会穿，衣着品位挺高。人靠衣装马靠鞍，蔡澜走出来是有派头的。他喜欢穿色彩鲜明的麻质衣衫（看上去像是 BritishIndia 牌子），印花也好绣花也好，看起来蛮顺眼。说实话，这类衣服穿不好就俗，就娘，就土豪。蔡澜倒是压得住这身衣服，穿得干净服帖明朗灿烂。那两天，他行头换了四五次，最抢眼的是一袭灰色长衫，布料是大名鼎鼎的日本“小千谷缩”。“小千谷”，是地名，位于新潟县；“缩”，日文绉布之意。这种麻质布料夏天穿最舒服。不过，夏天的舒服是冬天的辛苦换来的，它需要在下雪的冬日制作。手工抽取苎麻纤维，捻成线，和棉线捆成一束，使用一架简单的背带式织布机，织出几何或花朵图案。最终将布匹放置在雪地上晒十多天，等它缩皱。 布料铺在雪上的“雪晒”场面成为小千谷的一道奇特风景。这种独特的手工艺已被列入联合国教科文组织非物质文化遗产名录。

后来，蔡澜又回原乡新加坡演讲，醉花林俱乐部二楼大厅五百多个位置，爆满。他的号召力明摆着。

那天中午我和朋友去接机，随后安排他去“深利”吃潮州菜。他犹豫片刻，估计他对本地的潮州菜没有信心（除了他心目中的“发记”），猜得出他想去Glory。我说深利不错，不妨试试，再说《早报》记者也要赶来采访，若去吃Glory，那里的环境不适合拍照。他想想也就勉强答应去深利了。

深利开在勿洛的组屋区，老板蔡华春看到蔡澜来了，当然很高兴。蔡澜先生的美食标准未必人人能接受认同，譬如他认为“好吃的菜，就是下了猪油的；不下猪油，就是不好吃的”。但他在美食江湖上的“大佬”地位不容小觑，他的“一句话”可以成为一间餐馆的荣誉或不幸。

蔡澜平时喝茶喜欢酽厚的，看上去像酱油汤。蔡华春拿出私房茶——几十年的水仙，泡得很浓，他喝了一口，很舒服，上午飞机上的疲劳顿消。这一口浓茶很重要，算是蔡华春的“见面礼”。除了桌上摆的卤水花生，那天蔡澜点了五香卷、蒸鹰鲳、海参烩蹄筋、咸鱼粒炒豆芽、炒粿条及甜品白果芋泥。蔡澜从来都是直言不讳，他说卤水花生可以多加一些卤汁，海参烩之前需煎一下。那一餐，蔡澜吃得蛮开心，他对蒸鹰鲳、炒粿条及白果芋泥尤其满意，没想到在年轻一辈的厨师手上能吃到“老味道”。临走时，蔡澜在留言簿上写了“深利好吃”四个字。蔡澜不会轻易说谁家“好吃”的。

私下我问蔡澜，深利到底如何？他说真不错，比他“预料的”

好很多，而且老板很谦虚，这间店肯定会更好。难得听到他夸奖新加坡的美食。反正，一说到本地的美食，他多是负面批评，没几间入他法眼。

蔡澜以前的谈吃文章，三番五次提到新加坡厦门街上的潮州酒楼“发记”，夸它是“全球最好的餐厅之一”。前几年发记搬家，价格也略涨，我们偶尔也去吃，水准还在。这次，又聊到发记，他说老板李长豪妈妈传下来的几样老菜非常好。看来，除了猪油标准，他另一个标准就是“老味道”。这两个标准都是值得商榷的。现在的猪肉大不如前，猪油同样也没有以前香，甚至有股异味。至于“妈妈的菜”，不同时代的人，记忆里妈妈的菜也不同，“老味道”也是相对的，蔡澜的标准没法成为统一标准。相信自己的味觉，这个最重要，自己觉得好吃的就是好吃的。

两天后，送蔡澜去机场，多预留一个小时，途中去加东Glory吃马来兼娘惹餐。他每次回来，“指定动作”就是去Glory吃一餐，否则就心神不定。新加坡所有餐馆，这家可能是他心目中唯一水准不降的。去Glory路上，大雨突至，他一度担心不好停车想放弃，我们说停车没问题，“只是怕你淋湿在飞机上感冒”，他回答：“为了吃，淋湿不怕。”这就是他对于吃的态度。于是我们冒着瓢泼大雨去了Glory，三个人点了薄饼、炸豆腐、马来面（mee rebus）、米暹、烤乌达、椰浆饭、甜品cendol，摆了满满一桌子。我留心看了看蔡澜的表情，自从踏进这家店，他的眼睛一直就是警觉的，流露出一种“动物的猎食本性”，我想这是一个美食家的基本条件，在美食面前六亲不认，保持着饥渴性的初心，集中所有的心力享受当下的食物。这家店，面目陈旧，端出来的食物卖相不好，可它让一个美食界的“王爷”（借用蔡华春语）作臣服状，这就是美食的至尊地位。

以我的口味而言，我喜欢这家的薄饼，结合了马来人和华人的两者特长，微辣。炸豆腐和米暹也好。蔡澜特别推荐甜品cendol，直呼“惊艳”，并说在马来西亚都找不到这么好吃的cendol。看得出他吃得很满足。

吃了Glory，可以送他去机场了，新加坡之行没有遗憾了。

擂茶饭：蔬菜的清欢

中国原乡的很多食物漂洋过海到了南洋，经过“在地化”（localization）之后，就成了具有南洋特色的美食，譬如擂茶到了新马，由液体的茶饮，成了实实在在的擂茶饭。擂茶饭可谓蔬菜套餐，或可称之为蔬菜自助餐，至少要十样切碎的蔬菜才够规模，否则就少了气派和滋味。

我第一次吃客家擂茶饭是在我的老师王润华教授家里，那天的主宾是柳存仁教授和袁行霈教授，我忝陪末座。师母淡莹的弟妹吴美珍老师是制作擂茶饭的高手，那天就由她主厨。一般来说，青色的、水分少的、香味浓的蔬菜都可采用，譬如芹菜、长豇豆、韭菜、青菜、卷心菜、油麦菜、芥兰、四季豆等等，但有两样最好不要缺少：树仔菜和四角豆（注意，不是四季豆）。树仔菜，东马的沙捞越很多，当地人也叫它玛尼菜（源自马来文 manis 的音译），沙捞越的古晋我去过，可惜当时没有留心，据说古晋人喜欢用树仔菜炒鸡蛋。

这些蔬菜一定要切得很碎，再用少量油炒熟，必须现炒现吃，中午做的不可留到晚上吃。好的擂茶饭只有在家里才能吃到，餐馆或食阁里虽也有擂茶饭售卖，但蔬菜的种类和新鲜程度都没法和家里比。除了蔬菜，还有四样东西不可或缺：炒熟去衣的花生米、豆干丁、菜脯粒（萝卜干）、开洋（爆香的虾米）。其实，除了虾米，擂茶饭应该非常适合素食者。上面提到的那些蔬菜翻炒时，可以不用加盐或只加少许盐，因为这四种食物可作调味品。

擂茶饭既从擂茶演化而来，它当然少不了一碗茶汤，严格来说，这碗擂茶汤是关键。将花生、芝麻、茶叶、白胡椒、薄荷叶、九层塔（必须要有）等盛放在钵中，擂磨成细粉，再用开水（或九十度水）冲泡即成。颜色碧绿如青苔，味道苦中带香，不是每个人能适应这碗汤，但喜欢它的就非常喜欢。

擂茶饭的吃法很有点“嘉年华会”的意思，是蔬菜的狂欢节，因没有酒肉，这狂欢也便成了清欢。十多个菜盘子布满一桌，每人用大海碗盛上小半碗米饭（吴美珍特别强调，米饭也有讲究，需要加爆香的蒜瓣一起煮），一样一样加菜进去，翻拌均称，一边吃一边加，越吃越多，生生不息。擂茶汤，可以单独喝；段位高的，可以把它倒进饭碗里，和菜饭拌着吃。若干年前，公司附近的卓源路有一家卖擂茶饭的，因为公司不少人爱吃，每天上午报上打包人数，摊位老板中午开车送来，那些日子，中餐就这样解决了。好景不长，后来建筑翻新，大概租金涨了，擂茶饭摊位也就关闭了。

王润华老师说：“并不是所有客家人都有吃擂茶的习惯，在东南亚，像新加坡、马来西亚（包括沙捞越、沙巴），只有河婆人才会煮擂茶。”河婆是客家人的一支，称为“河婆客”。我知道马来西亚古来的加拉巴沙威（Kelapa Sawit），是一个传统的“河婆客”新村，那里的擂茶饭非常有名，很想去品尝一次。

厨房有人

我们常说“朝中有人好办事”或者“朝中有人好做官”，对政治权利和个人利益有一种非正常途径的追求。法国人大概对政治缺乏兴趣，他们爱说“厨房有人很重要”。

小时候，若有邻居阿姨喜欢你，她烧菜的时候你围着她转，她往你嘴里塞一块肉，这就是“厨房有人”的初级阶段。厨艺，不是工厂的生产流水线，与食材和大厨的当天心情密不可分，非常人性化。可以说，每一餐的味道都有微妙的差别。和大厨有交情，当然很重要。一位长辈诗人，请我们吃国家美术馆一楼的法国餐Odette，它近日被评为亚洲五十家最佳餐厅的榜首，主厨 Julien Royer是一位帅哥，那天他出来招呼我们，长辈诗人对他非常欣赏，举杯致敬，他俩是熟友。我们在一边也算学习了尊重大厨的礼仪。

我很爱吃“载顺”蒸鱼、“兴兴”砂锅肉骨茶、“李贵”潮州菜（可惜后代另有追求，无人接班，关门了），味道很不错。有一位食家朋友，他和这三家都熟，所谓“厨房有人”，曾随他去过这三家，那真是有差别，好是可以更好的，端出来的菜色绝对“有私情”。说到私情，就想到以前大户人家，有姨太太跟着俊厨子私奔的，也有大少爷爱上俏厨娘的。或者男主人为了口腹之欲，娶烧一手好菜的女人为妻的——不妨读读陆文夫的小说《美食家》。厨艺好，人又美，这种人的魅力真是秒杀人类。有一次和几位美女去吃良木园酒店的日本料理“达屋”（Tatsuya），不用点菜，由大厨安排菜单，这种餐饮形式叫 omakase。大家坐在餐台上，帅大厨就在眼前现做食物。那晚我们喝了清酒，恰到好处，同去的一位美女和帅哥大厨微醺调情，很有分寸，不遗绣帕不丢钗，不悬相思不留情，人一走，茶就凉。不过，那个晚上，我们真觉得“厨房有人”。

最近去了几次“嬿青私房菜”，上海风味，非常地道。腌笃鲜、熏鱼、干烧大明虾、红烧肉、蟹粉豆腐、荠菜馄饨、八宝饭，皆经典菜式。我一位朋友吃了称赞为“至今吃过的最好上海菜”，他所谓的最好，大概是就“传统意义”而言。如今到上海，多是新派改良上海菜，上海菜当然需要创新，但要做到创新的同时又不失传统滋味，这就需要慎重了。其实认识嬿青还不够，应该进一步和大厨混熟。大厨比老板重要。当然，若大厨本人就是老板，那就更好了，譬如“深利”的名厨蔡华春、Venue by Sebastian 的名厨黄炜喆（Sebastian Ng）。

不是所有餐馆都需要有内线，你认识麦当劳、肯德基、鼎泰丰的厨子，有必要吗？但认识鼎泰丰的领班，倒是很好，不用长时间等位。

印尼苦果饼

最近朋友从印尼带回一大塑料罐苦果饼给大家分享，每个人吃了都赞叹。我是有些日子没吃印尼苦果饼了，唤起不少念想。所谓苦果饼，就是 emping belinjo（melinjo），也叫恩饼。因为有点苦味，所以俗称苦果饼。不要被“苦”字吓着，其实香味大大压住苦味，但有了些许苦味垫底，越发觉得香。这一丝苦味，是神来之笔，提升了它的口感，有了几分“顿涩”，不会觉得“肥腻”了。

苦果饼，新加坡超市也有出售，最初，我以为它是薯片、虾饼，因为不喜薯片和虾饼，走过货架也不瞅它一眼。后来，我在一个海外留学生网站的论坛上“忙乎”了一阵子，私下也交了几个笔友，其中一位在美国，他得知我在新加坡后，就说新加坡有一种像虾饼一样的零食，叫黄兵片，非常好吃。他说，他曾经在新加坡吃过。我回答他，我不知道什么黄兵片。过了很久，一天在 NTUC 偶然看到一袋像虾饼一样的东西，上面写着黄兵片（belinjo cracker），这时，我才弄明白黄兵片就是苦果饼。为什么叫黄兵片？我找不到确定的答案，只能猜测：黄，是指颜色；兵，是 belinjo 发音的替代；片，是指形状。

苦果饼，是由 melinjo（belinjo）树的果仁压制而成。这种树学名叫*Gnetum gnemon*，主要生长在印尼，此树优美，挺拔有致，门前屋后，到处可见。越南、泰国、马来西亚、菲律宾也都有种植。melinjo 树的果实未成熟时呈青色，成熟后变红色，果实也可做调味品，印尼的一道名菜“酸菜汤”里就有它。其实，印尼菜肴里，常常使用 melinjo 树的果实。另外，树的嫩叶子也可入菜。

melinjo 树的果核是椭圆形，大约二三厘米长。果核去掉硬壳，将果仁压扁，晒干，再油炸，就成了苦果饼。一个果仁可压制一个饼片，也可用两三个果仁压制一个饼片，大的饼片甚至需要四五个果仁。据报道，2010 年，当时的美国总统奥巴马到印尼访问，他在晚宴上吃了苦果饼，赞不绝口。苦果饼，当然比美国薯片的“格调”要高。苦果饼作为零食，配茶、配咖啡、配啤酒、配葡萄酒，皆宜。有人告诉我，沾印尼黑甜酱油（kecapmanis）更好吃，我还没这样吃过，以后要试试。我嗜好苦果饼，一次可以吃上半袋，但网上有人说，这东西有轻微的毒，不可以吃太多。“民间的说法”，我一向敬畏，之后，也就有所克制，不敢放开来吃了。再好吃的东西，都应该适可而止，不是吗？

苦果饼属健康食品，无脂肪，且含有大量的抗氧化剂，有助于预防癌症、心脏病，并能激活大脑功能，延缓衰老。南洋，总有一些令人惊喜的食物，这是老天对南洋的眷顾与馈赠。

从“白熊”到 Shashlik

最近读到一篇李辰冬先生写于 1975 年的文章《悼念亡友连士升先生》，此文收在《连士升纪念文集》里。连士升（1907—1973，福建福安县人）是著名报人和作家，曾任《南洋商报》主笔，他书生意气，君子风范，扶持晚辈，奖掖后进，在新马一带令人尊敬。李辰冬和连士升是燕京大学的同学，他俩“气味相投”，都喜欢写作，每次见面，一谈就是几个钟头。1964 年，李辰冬应新加坡义安学院之邀，来星洲讲学，一住六年。在新期间，两位老同学走动得很勤，甚至两家人（包括他们的子女）的来往也非常频密，几乎每周聚会一次。

这位李辰冬教授以研究《红楼梦》和《诗经》著称，尤其他的《诗经》研究，备受推崇。1989 年，作家阿城在洛杉矶的一家中文书店买到一本李辰冬的《诗经研究方法论》，它是继《诗经通释》、《诗经研究》之后，李辰冬博士关于《诗经》的第三部论著。阿城买回家，“不料这一读，竟读到天亮，躺下后想，怎么从来没听说过这样一个人，这样一种解释呢？”阿城对李辰冬非常佩服。

上面提到的李辰冬的几本《诗经》著作，都是他寓居星洲六年时最终完成的。应连士升约稿，书里的部分文章，还刊登在《南洋商报》上。我们常常提及当年的南洋大学，有不少大学者、名作家前来讲学，譬如凌叔华、潘重规、佘雪曼、黄勖吾、王叔岷、苏雪林等等。其实，20 世纪 60 年代，义安学院首任院长刘英舜女士掌校期间，也聘请来不少重量级的学者，譬如李辰冬、钱歌川、巴壶天及南来诗人刘延陵等。这是一个值得进一步另文探讨的话题，在此不表。

现在回到李辰冬悼友之文，文里提到“白熊”餐馆。他写道：“他（连士升）约我到一家俄国餐馆叫‘白熊’的吃红烧牛尾。他说这家的红烧牛尾最好，只有礼拜二的中午才有。餐馆虽小，却非常优雅，一二朋友谈天小聚是最好的去处。他说‘我请朋友吃饭大都在这里，一方面实惠，一方面可以畅谈’。……这是我们离别数十年后的第一次相聚。”看了这段文字，我很好奇，这间“白熊”还在吗？隐约记得《联合早报》报道过几家海南人开的西餐馆，似乎有一家与白熊有关，翻出那张报纸（2019 年 1 月 5 日），果然白熊就是 Shashlik 的前身。当年白熊的老板，20 世纪 30 年代曾住在上海，接触到不少俄罗斯人，也因此爱上俄式西餐。他 1963 年开设白熊（Troika Room White Bear），厨师都是海南人。新加坡的海南人很多从事餐饮服务行业，他们到洋人家庭当厨子，学会了做西餐、冲咖啡。海南厨师非常有改良精神，在吸取传统西餐精髓的基础上，融入本地元素和食材，或许这类“海南式西餐”不够正宗，但却受到本地人的欢迎。白熊到了 20 世纪 80 年代，因经济不景气结业。后来餐馆的九名员工另起炉灶，取名 Shashlik，仍旧是海南风格的俄罗斯餐，1986 年开业，新址选在远东购物中心的六楼。我 1998 年刚来新加坡时，师母淡莹时不时带我去吃，最常点的菜就是罗宋汤、红烧牛尾。印象中，餐馆的气氛很特别，红红暗暗，几乎都是上了年纪的服务员，老情老调，有一种说不出的魅力，还带着一点诡异。

现在 Shashlik 由陈氏兄弟接手，据说，他们增加了新菜海南猪扒，哪天要去试试，还有甜品“燃情阿拉斯加”（Baked Alaska），也要去品尝。

在人间

佛门大滋味

一　浓菌汤及地下食品

有一位走红的女演说家在台湾佛光山道场喝了一碗雪白的浓菌汤，惊叹不已，她觉得鲍翅汤啊、佛跳墙啊都没有这么好喝。她疑惑："没有荤的食材怎么会这么鲜呢？"星云大师的当场解答是：我们出家人从来不用浓油赤酱，我们也不能用葱蒜等辛味调料，我们唯一有的就是时间，我们就是在时间中用心去熬，把食材本来的香味吊出来，这就足够了。你不要看这里只有四种菌菇，但这汤是从昨天晚上就开始熬的，熬一段时间放一种菌菇进去，熬一段再放进去一种。最后再洒一把磨碎的白芝麻到汤里。

说实话，我完全相信"时间的功效"，也相信这汤无与伦比的品质，看了甚至口水盈舌，啧啧有声。但普通出家人哪里消受得起这般口福？星云大师大概也只有嘉宾临门时，以示尊重，才端出这道功德圆满的浓菌汤吧。

我曾在佛教机构工作过几年，发觉师父们都特别爱吃土豆（马铃薯）、山芋（地瓜）、芋头、花生、荸荠、藕、竹笋。一天，有个老和尚轻描淡写地透露一句：“这些东西都长在‘地下’，采大地之灵气与精华，补得很。”

乍听之下，觉得老和尚说的有道理。细想想，还是觉得有道理。

尤其是芋头，在佛门里可谓“主要食品”。以前的高僧，一般都会在深山里“结茅潜修”几年，这几年就靠芋头过活了。譬如：民国年间的高僧虚云老和尚，是修禅的，禅定功夫不可思议。他常常打坐，一坐就是十天半个月，出定后觉得才几分钟。有一年春节，他在自己的小茅棚里煮芋头，一边煮，一边打坐就入定了，有人到茅棚来看老和尚，向他拜年，看到他入定了，就拿引磬在他耳朵边轻敲一下，请老和尚出定。出定后看到有人来，老和尚就说：“你们来得正好，我刚刚煮芋头，大家一起吃。”结果一看，芋头都长毛了。他们说：“年早就过了。”老和尚说：“不会吧！我觉得才几分钟呀。”虚云老和尚在定中感觉几分钟，实际上已经过了二十多天了。

芋头，总是与禅修连在一起，所以，每次吃芋头，我都带着恭敬心，生怕辜负了它。我的家乡江淮一带，倒是很少吃大芋头，多是吃芋艿，也就是毛芋头，煮熟后剥了皮，滚糖吃。

地瓜，也是好东西。一代大德广钦老和尚是福建惠安人，惠安盛产地瓜，曾有“地瓜县”之称，老和尚一生清苦度日，对地瓜“情有独钟”。他曾开示：没有米煮干饭，那你就吃粥；没有粥，那你就吃地瓜；没有地瓜，那你就吃地瓜叶；地瓜叶不够，那就煮地瓜叶汤来喝。环境再艰难，也不可退道心。

浓菌汤也好，地瓜叶汤也好，和尚吃什么倒在其次，让人赞叹的是和尚用斋时，有一套仪法，看了实在庄严，尤其是一些道风犹存的十方丛林。宋代大儒程颐看了僧众过堂吃饭，“周旋步武，威仪济济；伐鼓敲钟，外内肃静；一坐一起，并准清规”，叹道：“三代礼乐，尽在是矣。”

对出家人来说，吃喝唱念行走坐卧皆是修行。然末法时代，深入修行的法师凤毛麟角少之又少，也是不争的事实。如今有几间寺庙还保留用斋的仪规?

二　去开福寺“吃饭”

现在吃素也算是一种时髦，大多是有钱人，为了健康。中国古代不是这样的，古人吃素是佛教徒的饮食规定，为了培养慈悲心。

不过，释迦牟尼佛在世时，率领弟子过的生活是托钵行乞，日中一食，树下一宿。日中那一餐就挨家挨户乞讨，但不能超过七家。别人给什么就吃什么，荤素不计，若七家所施微少，不能吃饱，也不可再去第八家托钵，这是为了防止贪心。因此这种“托钵制度”，无法使得印度的出家人完全食素。佛法虽以“慈悲为本”，但也“方便为门”。在印度佛教的戒律上，如果具足三种条件，是允许僧人吃肉的。此三种条件即所谓三净肉：一、不见杀生之事，二、不闻杀生之声，三、不为自己而杀。

佛教自汉明帝时传入中国，并没有实行“托钵制”，这就为中国僧人奉行素食制开了方便之门。梁武帝以皇帝身份在佛教界大力宣扬食素，其力度及效应可想而知。所以，中国佛门食素制的建立，一致认为从梁武帝开始。难能可贵的是，梁武帝晚年严格守持佛教戒律，一天一餐，不吃肉食，只吃豆类的汤菜和糙米饭。五十岁就断绝房事，穿的是朴素的衣服，非常惜福，不喝酒，不听音乐。这种生活态度完全是一种佛教徒的持戒行为。南京鸡鸣寺（原名同泰寺）即是梁武帝于公元527年所建，当时鸡鸣寺在南朝诸寺中首屈一指，梁武帝在此四次舍身出家。所谓舍身出家，是侍奉佛主修身养性，同时也是梁武帝为该寺筹集经费的一种手段，每出家一次，就让大臣们出钱为他“赎身”，四次一共为该寺筹集了几亿钱。去年秋天，我和朋友到此参访，恰巧撞上九九重阳，登寺远眺，心旷神怡，当然少不了品尝鸡鸣寺大名鼎鼎的重阳吉祥糕。

梁武帝之后，中国寺院食素风尚开始形成，并建立起一套制度。寺院主食主要是粥，副食主要是蔬菜、豆腐、蘑菇，放在一起随便煮煮，带点咸味，能够就粥，就可以了，算不得美味（与佛光山的浓菌汤不可同日而语）。另外，还有一些佛教徒有“持斋”的习惯，就是一天只吃一餐，且过了正午不食。当然现在的出家人，虽然吃素，但“持斋”的很少，大多一日三餐。不过，我们还是可以看到少数修行人仍然保持“过午不食”的传统。

可能机缘还不成熟，我一直不敢发心吃长素。一是因为难免有些应酬，和朋友一起吃饭时，会给对方带来不便；二是自己业障未消，还放不下螃蟹、火腿、鱼、虾等少数几样美食。不过，我还是乐于吃素的，一月总有半数不沾荤腥。母亲晚年倒是吃长素已逾二十年，如今她快八十岁了，身体健朗。母亲年轻时是个老病号，四十五岁提前退休，多亏晚年吃素，慢慢好转起来。

合肥有间古明教寺，和三国时“张辽大战逍遥津”的逍遥津近在咫尺，我每次回国，我们全家老小三代九口都会到明教寺吃餐素斋，一两百元，价廉物美。饭后全家又去烧香礼佛，供养三宝。遗憾的是，父亲年老身残，卧病在床多年，不便出门，饭桌上九副碗碟，总觉缺了一副，未能十全十美。可十全十美的事能有几桩？

近两年合肥蜀山脚下新建了气派恢宏的开福禅寺，母亲去过之后很是投缘。寺庙斋堂供应午餐，五元一客。母亲吃得欢天喜地，而且食量超常，可以连吃两碗饭。回来见了她那些老姐妹，总是不断跟人宣传：开福寺的饭菜好吃，开福寺的饭菜好吃。我就打趣她：您这哪是去烧香拜佛的，分明是去吃饭的么！母亲一生操劳，脾气不好，精神抑郁，怨天尤人，难得开心，晚年能在寺庙里得到些许安慰，尤其能吃上一顿她顺口舒心的斋饭，实乃佛菩萨的慈光普照。我一年回来十天半月的，根本照顾不到老人，好在我合肥的至交，每逢初一、十五，常开车带我母亲去开福寺“吃饭”。

去开福寺“吃饭”，成了母亲这两年最大的享受。

寺庙里煮炒的萝卜青菜豆腐香菇，真的就比俗家饭桌上的同类食物好吃吗？母亲为什么乐此不疲？万法惟心造，或许是心理因素所为？

记得 2002 年圣严法师率五百多位僧俗四众弟子一同参访中国二十七个禅宗道场，五百多人集体行动，浩浩荡荡，整整齐齐，场面的庄严自不必说，但大有大的难，就说吃饭吧，一些深山里的寺庙，接待条件有限，五百多人一次坐不下，只得轮流过堂吃饭。巡礼团一行在湖南大瑶石霜寺过午，餐桌临时设在殿堂的走廊，场景感人，低桌矮凳朴实无华，一菜一饭格外香甜，人人吃得心花怒放。我想可能有三宝加持，天龙拥护，寺院饭菜确实别有一番大滋味，只能心领神会。

三　双林寺及薝蔔院

新加坡真是一块风水宝地，通常岛国难免的台风海啸什么的，这里一概没有。除了科学上的解释，我也愿意认为这个现象与新加坡人心向善，佛力加持有关。周末，我常去莲山双林寺，觉得它是新加坡最清幽的寺庙（尽管靠近高速公路）。每次去后，都将冗冗俗事暂抛脑后。寺宇的雕梁画栋之华美，不用说了，最心仪的是院中的青木瓜树和缸栽莲花，碧绿清净，粉红喜气。很多年前，我到这里，看到该寺住持惟俨法师推着轮椅上年老体弱的谈禅老和尚，在寺院慢慢移动，师徒之缘颇感人。有次，我去双林寺，正是午餐时间，就在后院大棚下的临时斋堂用饭，吃到一半，一位法师过来在每人桌上放了一把新鲜龙眼，和大家结缘。我抬头一看，正是惟俨大和尚。最近，临时斋堂搬迁到山门与天王殿之间的右侧廊下，环境雅致，我饭后一杯橙汁，坐在那，不想动弹，心里有一种说不出的欢喜自在。这一刻，我和母亲的心灵是相通的，我们母子从未这么贴近过。

我偶尔也去薝蔔院找永光法师叙旧。薝蔔院是广洽老和尚（弘一法师的弟子）生前的精舍，如今成了广洽纪念馆，纪念馆虽以广洽法师命名，实质上是一间收藏丰富的艺术馆，展出印光大师、弘一大师、演本法师、竺摩法师、茗山法师等高僧的墨宝及吴昌硕、徐悲鸿、齐白石、于右任、马一浮、丰子恺、郁达夫等名家的字画，这些都是广洽法师生前的收藏。现在薝蔔院的当家是永光法师，师父和我有多年的交情。他烧的麻婆豆腐堪称一绝，我追问秘诀，他微笑着说，有两个：一是用酒酿调料；二是豆腐拿油爆过之后，加米汤，改用文火煨，豆腐越煮越嫩。都知道出家人饮酒是犯戒的，师父看出我的疑虑，随后解释道：酒酿是可以当调料的，量少，不会乱性。每次到薝蔔院，心里都盘算着师父的麻婆豆腐，若吃不到，于心不甘。记得有年春节，薝蔔院“大宴宾客”，永光师父亲自上阵煮麻婆豆腐，锅大三尺，锅铲如锹，看着师父在灶台边挥来动去的架势，简直是个出手不凡的大场面。

永光法师是四川人，父母早丧，由姐姐带大。当年高考差几分落了榜，永光心灰意冷之下出家峨眉山。出家当天，他心里难受，病恹恹的，不思茶饭。庙里的师父大喝一声：饭都不能吃你能干什么？永光精神一振，连扒了三碗饭，把嘴一抹，从此脱胎换骨，豁然开朗。

他最思念的人是姐姐，到狮城后，姐姐寄来一件手织毛线衣，南洋常年炎热，哪里用得着毛衣，师父当笑话把农家姐姐的“无知”故事告诉我们，说着说着，语带哽咽，难过起来。我们都明白师父的心境，顿时变得肃然。

四　吃普茶

杭州附近的余杭有座径山，山上有座径山寺，自宋至元，有“江南禅林之冠”的誉称。径山寺的“茶宴”非常有名，仪式内容包括献茗、闻香、观色、品味、论茶、交谈等程序。日本茶道，当然有他们自己的一套家法，但无疑受到径山茶宴仪式的影响。

其实，宋明以来，举办茶宴已成寺院常规活动，也不仅仅是径山寺一家。

现在各大寺庙虽不是常常开设茶宴，不过每到中秋或除夕，都还保留“吃普茶”的古风。所谓吃普茶，就是寺院里所有僧众团聚一堂，吃茶吃饼，有点类似我们的“吃团圆饭”。本来寺庙天天吃茶，何以中秋、除夕名为“吃普茶”呢？这是先辈的婆心，借吃普茶说些勉励的话，提醒年轻佛子不可悠忽度日，须精进修持，广培福慧。同时把“赵州茶”、“云门饼”一类的禅宗公案再度提起。《五灯会元・赵州从谂禅师》记载：赵州从谂禅师曾问新到一僧：“曾到此间么？”僧说：“曾到。”赵州说：“喫茶去。”又问另一个僧，僧说：“不曾到。”赵州说：“喫茶去。”院主听后问：“为什么曾到也云喫茶去，不曾到也云喫茶去？”赵州呼院主，院主应诺。赵州说：“喫茶去。”赵州均以“喫茶去”一句来引导弟子领悟禅的奥义。

我读过济群法师的一篇文章，其中有一段吃普茶的描述，写得精彩之极，不动声色却有声有色，不妨抄录在这里：“寺院到了大年三十会安排一次普茶。这是一种既庄严又轻松的宗教生活。普茶一般都安排在晚上七点开始，大众听到钟声，穿衣搭袍，三三两两地来到斋堂，恭候方丈的大驾。斋堂的监斋菩萨前，点着两根大红蜡烛，斋堂的条桌上，摆满了水果、花生、瓜子、糖果等，每人面前还放着一个茶杯。方丈在侍者的陪同下来到斋堂后，维那起腔，唱炉香赞，方丈拈香、礼佛、升座，开始给大家开示。这时巡堂拿着茶壶，依次给大众倒茶。在柔和的烛光下，在袅袅的香烟里，在方丈和蔼的话音中，大家静静地品着茶。”

济群法师长期从事唯识、戒律的研究及讲授，尤其对弘一法师的律学有切身的研究和体会，他的佛学造诣备受行家推崇。济群法师中年之后，相随心转，外貌愈发像弘一法师了。

佛教寺庙多建在高山丛林，云来雾去，极宜茶树生长。自唐代百丈禅师制订清规后，农禅并重一直是禅门所倡导的，所以许多好茶皆出自僧人的栽培，譬如四川峨眉山万年寺所产的“竹叶青”茶、江西永修县云居山真如寺出品的“攒林茶”，此两种一向是佛门茶叶的珍宝。

和尚喝酒是犯戒的，所以，在茶上面也就格外用心。

五　悟峰老和尚

我至今喝过最难得的好茶，虽不是寺院出产的，却是在寺庙里喝的。那是藏有六十年之久的老普洱，普洱如陈年老酒，储存愈久愈香。那天，隆振法师取出一罐老普洱，看了就像是乌七八糟的霉干菜，没料到，冲泡出来，颜色朱紫沉稳，有绸缎的质感，一入喉咙，即刻滑了下去，仿佛喉壁上涂了润滑剂一般，香味也很内敛醇厚，一点不浮。听隆振法师说，他还喝过百年老普洱，压成砖形，看起来像一块焦炭。

我曾随隆振法师拜访过新加坡的悟峰老和尚，老和尚是闽东人，十二岁在福州鼓山出家，可谓童真入道。做小沙弥时，悟峰法师吃过不少苦。提到鼓山，悟老打趣道：“鼓山是有钱人的鼓山，没钱人的苦山。”说这话时，他摸摸自己鼓起的肚子。老和尚现在过的是安稳的日子，有自己的精舍。

去悟老那儿，当然是慕名他泡的茶。悟老有几把老茶壶，是他的命根子。不久前，失手打碎了一把，心痛得很，还哭了一场。

大家开玩笑说：“悟老，您还是没有看破放下，为一把茶壶如此心痛。”悟老哈哈大笑，道：“看破放下，谈何容易！”经悟老的口，说出这话，我听着就觉得真实可信。

那天老和尚留我们吃了午饭，饭桌上，再三招呼大家添菜添饭，慈心一片，面面俱到。

饭后，喝茶。

老和尚平时饭后，是要午睡的，有客来就把午休的时间换成“下午茶”时间。悟老喜欢喝乌龙茶，很酽，酽得有点醉人。我的家乡安徽，是个茶叶大省，但以绿茶闻名，譬如太平猴魁、黄山毛峰、霍山黄芽、六安瓜片等，我们那里的人自小喝绿茶，没有喝乌龙茶的习惯，我是到了新加坡后，才懂得喝乌龙茶，也开始接触普洱茶的。

悟峰老和尚说一口难懂的闽东话，连猜带蒙，也只能抓到三四分。好在，隆振法师是他的老乡，权充翻译。方言一经转述，原意会打折扣，不过，因为有茶，语言已经不重要了。

那个下午，刹那，悠长。让我想到《菜根谭》里的句子：“一生清福，只在碗茗炉烟。”临走时，老和尚悄悄对我说了一句话：“渴了就喝。”老和尚晚年遇到什么茶就喝什么，喝了也就喝了，毫无挂碍。

喝茶，若不知茶的香味，就同木石；若知茶的香味，就是凡夫。

如何不着两端，知又不知，不知又知，才是喝茶的本分事。

读四大名旦之一尚小云的故事，得知他有一个习惯，就是有戏时，不喝凉茶水，也不喝温的，一定喝滚烫的茶水。他的嘴不怕烫，刚沏的茶，拿起来就喝，刚倒出来的开水，他能用来漱口。演出时，他那把茶壶有专人管，如果下场后喝的茶水不是滚烫的，就发脾气。口腔不怕烫的人，我也领教过一个。有一阵，有位法师常来我寮房喝茶，电壶里刚开的水冲泡的茶，他能一仰而尽，我都傻眼了。这位法师是“焰口僧”，梵唱极有功底。佛门和梨园一样，唱念也是一门功夫，只是唱念的意义不同。

六　大觉寺明慧茶院

北京的名刹古庙着实不少，论名气，前几名排不到大觉寺。雍和宫、潭柘寺、戒台寺、法源寺、碧云寺、卧佛寺，这些都比大觉寺声望显赫。可是，佛家讲无常，最近十多年，大觉寺一下子走红了——因为古玉兰和明慧茶院。

大觉寺最诱人的是白玉兰。尤其是四宜堂的那棵树龄三百余年的古玉兰，每年春天，开得满树冰清玉洁，如此“浓密的淡雅”，实不多见。可惜，我和朋友金秋访寺，错过花季。佛门本是素僻之地，然各类花树偏偏在此开得热闹，存心撩拨众生。不独大觉寺的玉兰，譬如法源寺的丁香，也是久负盛名。花开花谢，色空轮转，寺庙赏花别有情韵，也更有感悟。

大觉寺位于海淀区西北旸台山麓，始建于辽咸雍四年（1068年），为契丹人所建，坐西朝东。一般寺院都是坐北朝南，为何大觉寺不守规制？原来契丹人有“尊日东向”的习俗，故山门朝东。

大觉寺尽管面向东方，但还是湿润润的，寺里到处都是青苔，四处可见“小心路滑”的牌子提醒游客注意。我大概属于“阳性体质”，每到阴气重的场院就觉心平气和，所以一进大觉寺立刻通体舒畅，不仅是心理上的也是生理上的。大觉寺也以流泉闻名，整个寺院水渠纵横，轻声细语般萦绕耳际，更给寺庙添了一股冷情幽趣。

季羡林先生在《大觉明慧茶院品茗录》一文中透露，北大中文系毕业的欧阳旭下海从商，很快就发了。20世纪90年代末，一天他同几个伙伴秋游，到了傍晚，在西山乱山丛中迷了路。“黄昏到寺蝙蝠飞”，他们碰巧走进了一座古寺，回不了城，就借住在那里。这就是大觉寺。夜里，他同管理寺庙的人剪烛夜话，偶然心血来潮，想在这座幽静僻远的古刹中创办点什么。三谈两谈，竟然谈妥，于是就出现了明慧茶院。

到了大觉寺，总得坐下来，在明慧茶院喝口茶。之前在网上看到游客抱怨茶资太贵，心里已经有了准备，但一看价单，还是咯噔一下，最便宜的一壶二百八十元，外加水费每人二十元。我和朋友，两人最低消费就是三百二十元，吓得我们糕点干果一栏也没敢瞄了。不过，明慧茶院的环境确实一流。

茶院的开办，就把这座古寺带活了，值得欣慰的是，大觉寺修复得一点不俗，意趣古朴。尤其是正殿和无量寿佛殿，原木原样，无色无彩，一派旧好。单看这两座古殿，恍若置身五台深山一般。

晚上是在寺内的绍兴菜馆用的饭，这间绍兴菜馆的江浙菜口碑极好，也是大觉寺吸引游客的要素之一。京城多少阔人开上一两个钟头的车，来此不为烧香念佛，就为满足口腹之欲。这里的菜肴做得确实正宗，那天我们点的西湖醋鱼，鲜香滑口，是我吃过的最好醋鱼，比杭州“楼外楼”的还要味美；霉干菜炖肉，“颓废糜烂”；清炒鸡毛菜，火候恰当。三道菜无一败笔，价格也算合理。

每个人难免有疑惑，佛门净地，如此大开杀戒，荤腥上桌，岂不有违戒律？我内心当然也存有矛盾。大觉寺，实际上没有一个僧人，当然更没有住持和尚或方丈。它的全称是北京西山大觉寺管理处，大概属于旅游局。大觉寺的“当家”无非就是管理处的处长之类。这般看来，他们在寺庙里开设荤菜馆，心理感受上就如在任何观光景点开饭店一样，说白了，他们就没把大觉寺当成修行道场。佛教三宝谓之佛、法、僧。虽然大觉寺没有僧，但有佛、有法，举头三尺有神明，岂可视而不见！

说实话，对于那餐饭我是有些悔意的。也只能拿“酒肉穿肠过，佛祖心中留”来给自己解脱了。

苏曼殊与八宝饭

最近和朋友常去“嫵青私房菜”，每次必点招牌甜点八宝饭。说到八宝饭就想到爱吃甜食、有“糖僧”之戏称的苏曼殊。

常有人拿苏曼殊和弘一大师比较，其实并不恰当。没错，两人是有一些相似之处：都出生在商人之家，少年时皆为公子哥；都有留学日本的经历；也都雅好文艺，才华超群，尤其钟情《茶花女》。但他俩本质上是不同的，李叔同出家后，抛却世俗，严守戒律，弘扬律宗，终成一代高僧；苏曼殊出家后，仍留恋红尘，难放情执，故有“情僧”、“诗僧”之称号。

曼殊上人（1884—1918），字子穀，三十四岁圆寂。书法家沈尹默撰写悼诗《刘三来言子穀死矣》，最后两句是：“于今八宝饭，和尚吃不得。”沈尹默知道他喜爱八宝饭，为他之后再无此口福而感到遗憾。诗题中的刘三，是苏曼殊留学日本时结识的好友，两人交往密切，友情终身。曼殊上人生活窘迫时，常得刘三供养，曼殊有诗曰：“多谢刘三问消息，尚留微命作诗僧。”

刘三，藏书家，字季平，号江南，上海华泾人，自署“江南刘三”。刘三的夫人陆灵素，是晚清名医兼小说家陆士谔的妹妹。陆灵素能诗，善昆曲，刘三宴客，常自己压笛，灵素度曲。有一年冬天，刘三掌教北京大学，陆灵素则留在上海，客居嵩山路吉益里闺蜜高君曼（陈独秀第二任妻子）寓所，苏曼殊也常来餐聚。据陆灵素回忆：“时曼殊上人在沪，亦时时过谈，至则设糖果栗子等物，意犹未饫，要余制八宝饭。”陆灵素记得，民国元年（1912 年），上人曾去过她上海华泾的老家，她亲自下厨做八宝饭，上人一晚上吃了两大碗，赞不绝口，还嫌不足。现在情况不同，陆灵素客居朋友家，食材也不能挑剔，厨房用起来也不像在自己家顺手，但她还是满足了苏曼殊的要求，做了八宝饭，上人吃了，连连称道。

1912 年年尾，苏曼殊抵达安徽安庆，任安庆高等学堂英文教员，其间他“或至小蓬莱吃烧卖三四只，然总不如小花园之八宝饭也”。不仅八宝饭，苏曼殊对糖果等甜食皆嗜之如命。“茶花女”酷爱的“摩尔登糖”，当然也是他的最爱，可以“日食三袋”。柳亚子家乡吴江有一种麦芽塌饼，苏曼殊可以一口气吃二十个，吃到肚子痛为止。后来柳亚子邀请他去吴江游玩，他首先关心的是有没有麦芽塌饼可吃。苏州采芝斋的松子糖，他也极嗜。鸳鸯蝴蝶派作家包天笑写过一首打油诗调侃曼殊上人：“松糖橘饼又玫瑰，甜蜜香酥笑口开。想是大师心里苦，要从苦处得甘来。”包天笑倒是说到了点子上，甜食确实有化解忧愁、令人愉悦之效果，不过要适可而止，像上人这样暴饮暴食，没有节制地嗜甜，对身体大为不利。

钱锺书《围城》里写道："东洋留学生捧苏曼殊，西洋留学生捧黄公度。留学生不知道苏东坡、黄山谷，心目间只有这一对苏黄。"可见，苏曼殊在当时的影响力有多大。有一次我去上海拜访一位大学者，他告诉我，近现代古诗写得最好的四位是：苏曼殊、郁达夫、毛泽东和柳亚子。权当一说吧。

王褒的游戏之作

我们大都知道“浮梁买茶”一词，因为白居易的《琵琶行》里有这么两句：“商人重利轻别离，前月浮梁买茶去。”由此可见，唐时的江西浮梁已是重要的茶叶集散地，皖南和浙西的茶叶，也在此流通。

其实，茶叶作为商品，最早见于文字记录的，应是王褒的《僮约》，里面提到“武阳买荼”。大多数专家都认为，这里的“荼”即是茶，故很多版本直接写成“武阳买茶”。

王褒是西汉的辞赋家，四川资阳人。他经常写一些“虞悦耳目”的声色之作，讨好皇帝、太子。表面上王褒很得宠，可仍旧摆脱不了地位低下的尴尬身份。皇帝内心是把辞赋看作仅高于倡优博弈一类供人消遣的东西。别说王褒，就是名气大于他的司马相如本来也属这类人物，到了王褒之流，就更加等而下之了。但王褒的高超才华却不容否认。

王褒的代表作是《洞箫赋》，它是第一篇专门描写乐器与音乐的辞赋，为后世的咏物赋和音乐赋奠定了基调。但他最有趣的作品无疑是下面将要谈及的《僮约》。这篇游戏笔墨，不仅开了后来蔡邕的《青衣赋》、孔稚珪的《北山移文》等游戏文字的先河，也给中国茶叶商品交易留下了珍贵的史料。

王褒曾寓居成都安志里一个叫杨惠的寡妇家里。杨惠大概是个风流寡妇，王褒的谈吐及气度应该也不俗，两人免不了眉来眼去，终究有了暧昧关系，这一切都被杨氏家里一个叫“便了”的僮奴看在眼里。王褒经常指使便了去沽酒，便了显出不情愿的态度。他对前主人忠心耿耿，觉得王褒是外人，又勾搭夫人，为他跑腿买酒憋了一肚子气。一天，他跑到主人的墓前哭诉：“大夫呀，您当初买便了时，只要我看守家里，并没要我为其他男人去买酒啊。”王褒得悉便了哭坟之事，一方面佩服这个僮仆的忠义气概，一方面也要收拾一下这个烈性奴才，灭灭他的气焰，就和杨氏商议一番，以一万五千钱从杨氏手中买下便了。

这个不情不愿但也无可奈何的愣小子还是向王褒发出了反抗之声：“既然事已如此，您也应该向当初主人买我时那样，将以后凡是要我干的事项，明明白白写在契约里，契约之外的我可不干。”王褒听后暗自得意，心想：哈哈，你小子求饶的时刻到了。

写契约，可是王褒的强项。他洋洋洒洒，一气写下了一篇长约六百字的《僮约》，列出了名目繁多的劳役项目，烧饭、洗涤、汲水、提壶、种菜、养猪、喂鸡、打猎、捕鱼、沽酒、买茶等等，使便了从早到晚不得空闲，把他往死里整。最厉害的一条是："奴但当饭豆饮水，不得嗜酒。欲饮美酒，唯得染唇渍口，不得倾盂覆斗。"这一招简直就是精神折磨了。允许你"染唇渍口"，吊吊你的胃口，却不让你尽兴痛饮。便了一看，傻了，知道自己"摊上事了，摊上大事了"，痛哭流涕向王褒哀求道：照此契约干活，恐怕当天就会累死，早知如此，情愿为您天天去买酒。

我喜欢这个故事的结尾，做人应懂得进退之道，抗争也好，认错也好，便了都是一派天真自然。若把便了写成一个宁死不屈的"完人"，那就乏味了。王褒和便了，大概会建立一种新的主仆关系——"不打不成交"之后的融洽。

这篇《僮约》所列条款中，就有"武阳买茶"。茶叶上市季节，便了需去武阳采购茶叶。武阳，今成都附近的彭山县双江镇。茶叶能够成为商品在市场上自由买卖，说明西汉时饮茶之风至少已开始在中产阶层流行。王褒和杨氏，除了饮酒寻欢（"酒是色媒人"），想必也常常一起喝茶聊天，所谓"风流茶说合"。

张充和与“宝洪茶”

抗战期间的1939和1940，这两年张充和跟随三姐三姐夫一家先后落脚云南的昆明和昆明边上的小县呈贡（如今呈贡已成为昆明下属的一个市辖区，也是著名的花卉和蔬菜生产基地）。

到昆明后，她在一个教科书编委会里编选诗词散曲（三姐夫沈从文编选小说，朱自清编选散文），后来，教育部取消了这个计划，她乐得清闲在家，靠合肥祖上的田产收入过日子，不愁生计。1940年张充和在呈贡的云龙庵拍了一张照片，她梳着麻花辫，身着一袭素雅的旗袍，坐在一只草编蒲团上，两腿斜叠右边，左手搭在长桌上，而这长桌不过是一块木板架在四个汽油桶上。长桌上则摆放着茶壶、茶盏、果盘、陶罐，因陋就简，别有情韵。人雅，做什么都雅，怎么做都雅。

这张照片非常有名，后来也做了一本书的封面。很多人误以为云龙庵是一个寺庙或者一个尼姑庵，其实不然。沈从文、张兆和、张充和他们先定居在昆明，后来为了躲避轰炸，又到邻近的呈贡找房子。沈从文在呈贡的龙街找到了一处大院子，主人姓杨，是当地的财主，所以这个院落在呈贡是数一数二的气派，他谈好价格就租了下来。大院的前院住着沈从文一家，张充和住在后院。过去的大户人家，一般也设置佛堂，张充和把它当作自己的客厅兼书房，古文字学家唐兰先生来呈贡时，她还请他题写了匾牌“云龙庵”三个大字。

关于这个杨家大院四周的环境，张充和曾在《三姐夫沈二哥》一文里有过描述：“后来日机频来，我们疏散在呈贡县的龙街。我同三姐一家又同在杨家大院住前后。周末沈二哥回龙街，上课编书仍在城中。由龙街望出去，一片平野，远接滇池，风景极美，附近多果园，野花四季不断地开放。常有农村妇女穿着褪色桃红的袄子，滚着宽黑边，拉一道窄黑条子，点映在连天的新绿秧田中，艳丽之极。农村女孩子、小媳妇，在溪边树上拴了长长的秋千索，在水上来回荡漾。在龙街还有查阜西一家，杨荫浏一家，呈贡城内有吴文藻、冰心一家。”当时冰心还应张充和之请，为她题过词。但张家四小姐性格耿直，眼力“毒辣”，她晚年评价冰心早期的写作，认为有点“酸的馒头”（sentimental 感伤、滥情），这也是很多五四作家的通病。

当时的呈贡聚集了一批文化名人。而张充和的所谓云龙庵，也就成了一个文化沙龙。杨荫浏先生 1939 年 12 月 2 日，曾在张充和《曲人鸿爪》中题字曰：“二十八年秋，迁居呈贡，距充和先生寓居所谓云龙庵者，不过百步而遥，因得时相过从。楼头理曲，林下啸遨。山中天趣盎然，不复知都市之尘嚣烦乱。”

之后，张充和写了一首非常有名的诗《云龙佛堂即事》：“酒阑琴罢漫思家，小坐蒲团听落花。一曲潇湘云水过，见龙新水宝红茶。”这首诗让我们想到张充和的那张经典照片。我们看到了一个大家闺秀在抗战的紧张环境里仍然不失优雅地生活着。“见龙”是指昆明的见龙潭。用见龙潭水泡茶，好茶佳水，相得益彰。“云水”和“见龙”，又将庵名“云龙”二字嵌入诗中，实在高妙。日前台湾作家张晓风来新加坡演讲，主办方曹蓉女士做东宴请张老师，约了我们几个朋友作陪，那天饭桌上张晓风谈了不少张充和的故事，作为一个合肥人，我当然听得津津有味。隔一天，张晓风在正式演讲中又特别提到了张充和的这首《云龙佛堂即事》，她向台湾茶叶达人吴德亮询问有关宝红茶的情况，吴德亮告诉她，宝红茶的“红”，张充和写错了，应该是“洪”，也即“宝洪茶”。宝洪茶产于云南宜良县西北五公里外的宝洪山，属小叶种高香型茶树，香气高锐持久。传闻唐代时就由宝洪寺的开山和尚从福建引种到宜良，虽说是福建的茶种，却采用龙井的制作工艺，故宝洪茶有“宜良龙井”之称。据说，经常有外地人到宜良收购宝洪茶茶青，炒制后带到杭州冒充明前龙井出售。这让我想到安徽歙县的“老竹大方”，茶叶扁平匀整，带熟板栗香，酷似龙井，也有茶商拿它冒名龙井销售。

云南以普洱或滇红出名，为什么张充和偏偏提到宝洪茶？因为宝洪茶是绿茶，这与张充和从小生活的环境有关。尽管张充和出生在上海，但几个月大的时候就过继给老家合肥的叔祖母。安徽是一个茶叶大省，合肥边上的霍山黄芽（若细分属于黄茶类，但口感接近绿茶）和六安瓜片都是茶里的名品，可以推测张充和小时候是喝绿茶的，这个习惯应该一直保持着。而她小时候每年也都会去苏州和家人相聚，苏州也是以喝江浙一带的绿茶碧螺春、龙井为主的。总之，张充和的喝茶经验离不开苏浙皖三地的绿茶。所以，当她遇到宝洪茶时，也就格外“亲切”了。

后来朋友去云南旅游，托他带回一小罐张充和诗里提到的宝洪茶。这罐茶包装极美，紫色的瓷瓶，外加纸盒。打开来一嗅，香气扑鼻——这是春天的味道！南洋没有桃红柳绿这些春天的提示物，但春天也会毫不迟疑地前来。对于我，春天的第一口滋味就是绿茶。细想想，我骨子里还是和绿茶亲吧，毕竟从小是喝绿茶的。说实话，云南宝洪茶还是没法和龙井媲美。不过，茶，也是有“茶外之意”的，因为张充和的关系，这宝洪茶喝起来味道自然也就不寻常了。有了这段故事，宝洪茶可谓另一个意义上的“东方美人茶”。

说到喝茶，应该提一下张充和在昆明及重庆期间的一位煮茗“老”友——郑颖孙。郑颖孙，安徽黟县人，世家子弟，现代琴家。他毕业于燕京大学，后留学日本早稻田，回国后在北京大学任教。因为都是留日的，郑颖孙和周作人也有交往。他为周作人弹过琴，但周不会欣赏，周作人在《国乐的经验》一文里提过这事。

当年追求张充和的人很多，卞之琳、陶光、方先生，等等。但他们似乎都败在了这位“老者”郑颖孙手下，郑颖孙清雅不俗，调古韵深，比张充和整整大了二十岁，也可看出从小不在父母身边长大的她，对郑有着对父亲般的爱慕。撇开私情不说，张充和的确有“老人缘”，1941 年她去了陪都重庆，结交了沈尹默、章士钊等长辈朋友，佳话连篇；当然，之间的关系都不同于她与郑颖孙的缘分。再说，安徽老乡、古琴、茶，这三项也给郑颖孙加了分。难怪友人劝告张充和离开郑颖孙时，她说：“他煮茗最好，我离开他将无茶可喝了！”这个回答很智慧，也是张充和的一贯风格。

没有不散的筵席，也没有不散的茶席，他俩最终还是分了。1948 年，郑颖孙去了台湾，1950 年，他在台北去世，好友叶公超担任主祭。1948 年，张充和嫁给德裔犹太人傅汉思，后定居美国，2015 年仙逝，享年一百零二岁。

上官云珠·茶·韵

“韵”，这个字带着东方美学的特质，三分写实七分写意。

我们常常说某某女人有韵味，当然是赞美她气质温婉，举手投足蕴藉隽永。譬如日本女优原节子、高峰秀子和吉永小百合，就很有韵致。中国电影明星上官云珠和黄宗英也是气韵生动的好演员。上官云珠在《早春二月》里，已经人到中年，又是小镇寡妇的清苦扮相，但仍旧打动人。电影开场那段，上官云珠在船上的侧影乃至背影都戏味十足，看得出她的悲伤和绝望。好的演员，背部都会演戏，确实。她不动声色的表演，张力十足，把年轻气盛的女主角谢芳这如花美眷压了下去。我想，上官云珠是胜在“韵”字上。黄宗英在电影《家》里饰演梅表姐，短短几个镜头，叫人过目不忘。为什么？她演出了“悲凉韵”呀！反正，像上官云珠、黄宗英这般韵味无穷的女演员，当下怕是绝迹了。

“韵”字不仅用来夸奖人，也用来赞美茶。我的家乡安徽，产一种优质绿茶太平猴魁。人们形容顶级猴魁，用的词是，它有

“猴韵”。猴韵这玩意儿到底是个啥东西，真不好说。小时候，家里都是喝附近产的六安瓜片或舒城小兰花，从未喝过猴魁。20世纪90年代初第一次喝到太平猴魁，颇吃惊，之前没见过六七厘米长的茶叶，在玻璃杯里一根根竖立着，煞是漂亮。猴魁产自皖南太平县（现改为黄山区）的新民乡，只有猴坑、猴岗、颜家三个村民组所产猴魁才算“正坑猴魁”，其他则称“外坑猴魁”。必须用手工“捏尖”技术制作的正坑猴魁，才是最上品的，也才具有“猴韵”。

我有一个朋友，几乎每年春季都要去猴坑买茶。从他那里我喝到了最正宗的捏尖猴魁，香气与滋味是那么鲜活，而且有节制地释放，一点一点沁入舌底、喉间、心身，使人通体舒畅。这就是所谓的“猴韵”？不知道。

长久以来，我陶醉在家乡安徽的绿茶里，自鸣得意，觉得安徽茶叶，天下第一。谁知后来遇到一位福建老兄，比我更极端，照他的说法，茶必武夷，其他皆不足挂齿。在他的蛊惑下，我也慢慢迷上武夷岩茶和安溪铁观音，并渐渐抛开狭隘的家乡观念，日益认同岩茶和铁观音的大滋味，并听说岩茶有“岩韵”，铁观音有“观音韵”（简称“音韵”）。

中国文字真是厉害，前人用“岩骨花香”四字形容大红袍、水仙、肉桂等岩茶的特质，理性感性兼备，有一种说不出的体贴与恰当。把“岩骨花香”四字再浓缩一下，就是“岩韵”二字。岩韵肯定与武夷山的丹霞地貌有关，即茶汤里有岩石味。香气沉稳，醇厚，悠长。无意间和一位葡萄酒爱好者聊到茶的岩韵，她马上回应，葡萄酒也有“岩韵”一说，这与葡萄产地土壤中的矿物质成分有关，有些葡萄生长在岩层地貌，酿出的葡萄酒也就含着岩韵。

福建人喝铁观音，讲究“观音韵”。行家常说，不晓得“音韵”，就不懂铁观音。我想：不懂就不懂，喝得顺口、喝得开心，比懂不懂音韵更重要。去年喝到朋友送的一款“赛珍珠”铁观音，好喝。自以为这款茶就有观音韵。我带赛珍珠去“白新春茶庄”，请老板白进火先生品尝，他赞不绝口。我想他一定感受到了音韵。

读福克纳小说《喧哗与骚动》，有个细节我一直忘不了，就是白痴弟弟觉得姐姐“身上有一股下雨时树的香味”。我体会得出“下雨时树的香味”，我想大家心里也都明白这个味道，可是要用文字表达，真还不容易。猴韵、岩韵、观音韵，亦同此理，只可意会不可言传。喝茶，是一辈子的事，喝到最后，能否悟出“韵”味，也难说。稀里糊涂喝一辈子茶，也没什么不好，糊涂自有“糊涂韵”。

辛楣请客

好些年前，看《书城》杂志给章培恒教授做的访谈，章教授说："我看了《围城》，唯一的印象就是赵辛楣老是请人吃饭。我对这个很羡慕，我想什么时候我也能够老是请人吃饭！"章教授的印象没错。钱锺书在小说里说："辛楣爱上馆子吃饭，动不动借小事请客，朋友有事要求他，也得在饭桌上跟他商量。"

赵辛楣大概是小说里最受欢迎的角色，他身材高大，神气十足，为人豪爽，幽默风趣，有智慧，重情义。他早先误以为方鸿渐是情敌，后来前嫌尽释，两人成了好友。他俩在一起配合默契，"情投意合"，连方鸿渐的妻子孙柔嘉都吃赵的醋。

书里，辛楣第一次打算做东，是在苏文纨家里，他对苏小姐说："我到报馆溜一下，回头来接你到峨嵋春吃晚饭。你想吃川菜，这是最好的四川馆子，跑堂都认识我——唐小姐，请你务必也赏面子——方先生有兴致也不妨来凑热闹，欢迎得很。"那时苏小姐恋着方鸿渐，未答应赴赵的宴请，而方鸿渐的心思又在唐

蜀蒜

（晓芙）小姐身上，这餐饭没有吃成。峨嵋春，大概也是钱先生杜撰的馆名。

《围城》里最长的一次饭局，是辛楣请褚慎明、董斜川、苏文纨和方鸿渐四人，洋洋洒洒写了十几页，精彩纷呈。钱锺书写辛楣请客，并不说吃了什么菜，“赵辛楣向跑堂要了昨天开的菜单，予以最后审查”，这样一笔带过菜式，没有交代细节。钱先生对美食似乎兴趣不大，醉翁之意不在酒，不过是借酒桌上大家的高谈阔论，发他自己的连篇妙语。

点题的“围城”（婚姻如同被围困的城堡，城外的人想冲进去，城里的人想逃出来），就是在这次筵席上谈起的。另外，有董斜川在座，少不了谈诗，董是老名士之子，善做旧诗，“一开笔就做的同光体”。席间，他提出了唐以后大诗人用地理名词“陵谷山原”来概括的奇说：三陵是杜少陵（杜甫）、王广陵（王令）、梅宛陵（梅尧臣）；二谷是李昌谷（李贺）、黄山谷（黄庭坚）；四山是李义山（李商隐）、王半山（王安石）、陈后山（陈师道）、元遗山（元好问）；一原是陈散原（陈三立）。钱先生不过是借笔下人物之口，显示一下自己的学问，这里的“陵谷山原”一共十家，也未必是钱先生心目中的前十名，不过玩一下文字游戏，给小说添一些趣味而已。不少读者看了这十大家，发现居然没有李白、王维、苏东坡，肯定不服。这时我们可爱的方鸿渐懦怯地问了一句：“不能添个‘坡’么？”董斜川立即回复：“苏东坡，他差一点。”不添“坡”也行，苏东坡又称“苏眉山”，也可将上面的四山变五山呀。显然钱先生不予考虑。遗漏苏轼等人，这个名单才有争议话题，也才有方鸿渐那“懦怯一问”。

董斜川也看不上黄遵宪（公度），认为黄和苏曼殊一样，写的都是“二毛子”旧诗。这倒也是钱锺书的本意，因为钱在《谈艺录》里就说黄诗“取径实不甚高，语工而格卑；伧气尚存，每成俗艳。”可见，钱先生对黄诗是不欣赏的。

小说后半部，方鸿渐、孙柔嘉和赵辛楣在香港见面，赵在奥国馆子请方吃西餐（孙身体不适，留在旅馆）。这餐饭也非常重要，方接受赵的建议，和孙柔嘉在香港领证结婚，免得回上海操办婚事，费钱耗力，也为后来方鸿渐离开上海到重庆投靠赵埋下伏笔。方孙的婚姻似乎走到了尽头，方赵的故事仍在继续着。

1990 年，《围城》被搬上荧屏——十集电视连续剧。陈道明的方鸿渐还算理想，英达的赵辛楣，在外形上不甚相称，派头有余，英气不足——他倒是可以演苏小姐后来下嫁的“四喜丸子”曹元朗，英达的好演技也弥补不了形象的缺憾。

从“茶虾饭”到王祯和

日前去台北三四天，时间尽管仓促，还是抽空搭捷运到了石牌站附近的“我家客家菜”小馆，吃了大名鼎鼎的“茶虾饭”。所谓茶虾饭，就是先用苦茶油来煎大虾，大虾捞起来另外装盘，接着用带有虾香的苦茶油炒饭，再配上飞鱼卵和葱末，真是人间至味。当然米要好，他们选用池上大米；还有，就是炒功，需要不停单手翻炒，母亲做了几十年，为此左手腕变形，儿子孝顺，接班继续掌勺。我算有“炒饭控”，扬州炒饭、港式炒饭、泰式凤梨炒饭、马来炒饭，皆爱。上次去伦敦，旅馆对面就是一家叫“白沙浮”的新加坡餐馆，如异乡见了亲人般，几乎天天和同行的朋友去吃一盘马来炒饭（nasi goreng）。

不过，吃过的所有炒饭中，当属这家的茶虾饭最味美。其实，食物没有绝对的最好或第一，我之所以抬举它，细想想，这道炒饭吸引我的还是苦茶油及王祯和吧？文学总在加持着美食，也延伸着美食的意味。我每一次的寻味，内心都暗藏着一个非常自我的因素，是为了实现自己的一个愿望，而这个愿望绕来绕去都离不开文学经验。

若干年前，读了王祯和的一个短篇《香格里拉》，小说写的是母子情深的故事，母亲是个受人欺负的寡妇，她望子成龙，一心扑在儿子身上。她听说苦茶油补身体，早上空腹吃最有效，儿子考中学那天，她起早为他用苦茶油炒饭。儿子吃了一口，哎呀一声大叫，接着喊道："娘，这是什么饭呀！这样难吃得要命！"儿子是个乖乖仔，还是没有辜负母亲的心意，"只好苦瓜起脸来又塞了一口到嘴里，连嚼都不嚼地囫囵吞枣下去，而后要把喉里舌尖上煤油味刷洗干净似的，急勺一口味噌汤咕噜一气喝下去"。从王祯和的小说看来，苦茶油不好闻，甚至带有淡淡的煤油味。可是，我吃的茶虾饭，既不苦，也没有丝毫的煤油味或其他异味，只有一股清香。大概以前苦茶油的榨取加工方式不同，故还带有浓郁的茶籽味，而这种茶籽味对孩童来说，可能就是怪味。至于"难吃得要命"，显然是小孩嘴里夸大的说辞。现在用"冷压鲜榨"的技术，味道更佳，当然，价格也不菲。

吃了茶虾饭，当晚就去诚品购了王祯和自选集《香格里拉》，1980年洪范版，收有《三春记》、《伊会念咒》、《素兰要出嫁》、《寂寞红》、《香格里拉》五个中短篇，篇篇精彩。令我惊喜的是，发现他1980年9月26日写的自序，从头至尾都是谈小津安二郎，他1973年春在美国爱荷华大学看了《东京物语》，感动不已，从此成了小津电影的忠实观众。他文中特别提到婆婆委婉劝说儿媳原节子再嫁一场，那一场真是让人怅恻心伤。王祯和自序的结尾这样写道："七八年来，每当我提笔写小说，心中就油然浮起小津氏的一部部电影来。我知道自己仍离那样的艺术境界既遥且远，但我会永远地追求下去。”我们知道，张爱玲对王祯和影响不小，《三春记》颇有些《金锁记》的蛛丝马迹；他花莲系列的乡土小说或多或少也能看出威廉·福克纳或鲁迅的脉络，但他真正的老师还是小津安二郎，文学和电影是相通的。从 1973 年初遇小津电影到 1990 去世，他人生最后的十七年，心里追随的偶像应该就是小津吧！

“永和豆浆”和“蔡李陆”

大约20世纪90年代中期，台湾“永和豆浆”开到了大上海，生意很火，油条个儿大，炸得黄灿灿的，漂亮极了，当然价格也比一般“早点摊”的油条贵了好几倍，但值。路过上海时，我喜欢去永和。第一次吃担仔面，也是在永和，尽管后来在台北“度小月”吃了正宗的台南担仔面，但永和的初遇之恩，岂敢忘怀？接着大陆二三线城市（包括我的家乡合肥）也陆续有了永和豆浆，照样顾客盈门。奇怪，新加坡似乎不怎么买永和的账，我只知道芽笼有一间，店面环境远不如大陆的永和分店。大概南洋的年轻人更喜欢Mr.Bean和Jollibean这两家豆浆连锁店，老年人则爱光顾传统的“梧槽豆花”或“实礼基豆花”。永和在新加坡的市场确实很小。

日前去台北，就想着去一次它的卫星城永和。自捷运“中和线”开通后，台北市中心到永和实在方便，不过二十分钟。除了豆浆，永和吸引我的还有蔡明亮和李康生，他俩就住在永和。若干年前，蔡明亮偕小康来狮城宣传《天边一朵云》，演讲中，他说道："我的电影就是小康的电影。如果有一天小康不拍电影了，我也许也不拍了。真的，我想过这个问题，这问题非常诡异。我常常这么说，不知听的人怎么想。"说得挺让人感动的，我一直记着这话。那晚，蔡明亮言谈滚滚，眼转眉跳，因剃了个光头，倒像个"思凡"的尼姑。而一头浓发、寡言少语的小康却像个坐禅的小和尚。小康比银幕上看起来壮实饱满，且黝黑，像马来孩子的那种黑，因为黑，愈发觉得"沉默"，一副人在这里又不在这里的样子。如果没有小康的沉默，老蔡的乐观就显得浮夸了；如果没有老蔡的乐观，小康的沉默就显得呆滞了。他俩一动一静，有一种潜在的节奏，互相帮衬着。

2008年他俩和陆奕静，三个电影人合伙开了"蔡李陆咖啡商号"，主要售卖咖啡豆，也附设了几个咖啡座。蔡明亮是沙捞越古晋人，从小喝南洋风味的咖啡长大，想必"蔡李陆"带着南洋风情？在网上看到照片，咖啡杯倒的确是南洋特有的厚瓷杯。

心里盘算着：喝喝咖啡、喝喝豆浆，在永和优哉游哉消磨一个下午。不料，兴冲冲赶到永和区秀朗路二段十二号的"蔡李陆"，商号拉闸歇业，吃了一个闭门羹。问对街饮食店的服务生，她说，可能因为今天"拜拜"吧？难怪一路上都是烧香祭祀的场面，台湾的"拜拜文化"也太流行了。总之，这次和蔡李陆无缘啦。于是发狠到豆浆店好好吃一顿，弥补错失蔡李陆的遗憾。永和豆浆的原创店，现在叫"世界豆浆大王"，位于永和路二段二八四号，靠近顶溪捷运站，而且仅此一家，别无分店。此店在20世纪50年代由一群大陆来的外省人创立，口碑立刻传开，慕名而来的食客络绎不绝，1975 年，开始二十四小时不打烊营业，让人想到同样二十四小时不打烊的诚品书店（敦化南路）。

不用说，豆浆是它绝对的金字招牌，浓、纯、润，还略带一丝焦香味和豆腥气，这个很关键，若少了“一丝焦香味和豆腥气”，就不对了。如此质地的豆浆，我在别处从未喝过。大家不要错会了“腥”字，此“腥”不同肉“腥”。再譬如，寺庙里大铁锅煮的白米粥，潜伏着一股香喷喷的“铁腥味”。豆腥气、铁腥味，这些气味只可意会不可言传。朋友说：“我在安徽插队落户时，每次经过豆腐坊都大口吸气，为什么？喜欢豆腥气呀！”看了，会心一笑，我回合肥老家，常陪母亲去菜市场，经过家禽、猪肉、鱼虾档口，都掩鼻而过，只有到了豆腐摊，才舒畅呼吸，享受着豆腐、酱油干、千张、豆饼、素鸡的豆腥气。

以我的偏见，冰豆浆、咸豆浆都是豆浆家族不当的延伸，豆浆一定要喝热的原味的（加适量的糖）。另外，此店还有三样食物不容错过：鲜肉包、萝卜丝蛋饼、烧饼油条夹酸菜。

肉包看似普通，但越普通越家常的食物越不容易做好，有一年去天津，尝了大名鼎鼎的狗不理包子，信心“顿时崩溃”，和台北的比，差了几个等级。我去过七八次台北，每次总要吃鲜肉包，也不拘什么店，有没有名气，反正撞上就吃，从未失望过。可见，台北肉包普遍质量好。也许是水涨船高的原因吧，这里的鲜肉包较之其他店家的水准又高了几分。

世界豆浆大王的萝卜丝蛋饼，一直受顾客追捧。萝卜丝饼上铺了一层蛋，横一刀竖两刀，切成六小块，热腾腾上桌，令人食欲大开。咬一口，美滋滋的，心里冒泡。

烧饼配油条，不稀奇，但这里的烧饼油条夹酸菜，就有点新意了，这种吃法，我是头一遭领略。台北的牛肉面店，都有酸菜免费供应，当小菜吃。我对台北的酸菜一向印象很好，没想到它居然可以搭配烧饼油条，上面还洒了很多花生粉，口感真是一流！张爱玲说："大饼油条同吃，由于甜咸与质地厚韧脆薄的对照，与光吃烧饼味道大不相同，这是中国人自己发明的。"她不知道，中国人还发明了烧饼油条夹酸菜，对比更加复杂，层次更加丰富，滋味也更加悠长。

我有一个梦：若住在永和，日子多滋润呀！我时常做这类白日梦。

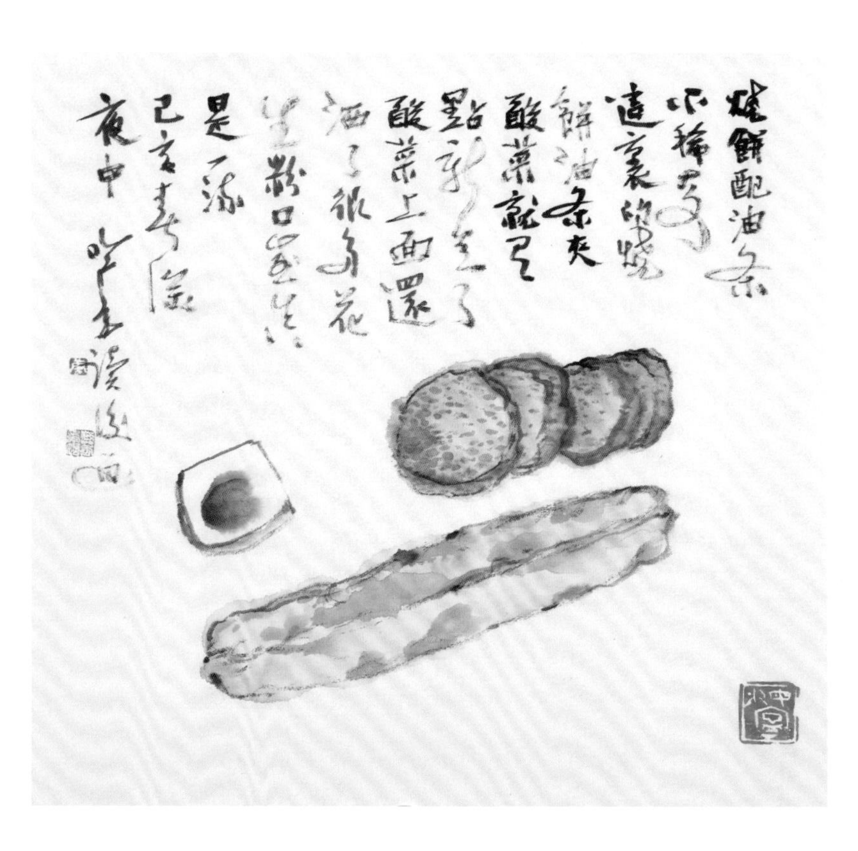

飞机上的“小春园”

以前几次去台北，一定晃到西门町“老天禄卤味”吃卤豆干、卤鸡蛋、卤鸡翅等。以我的偏见：台北最好是美食，美食之最是卤味。我是“卤制品的忠实信徒”，到了台北立马精神抖擞，等着大饱口福。

这次去台北，打着看花博，看奚淞画展、“莫内花园”特展的名目，但心里有数，这些都是“副歌”，真正的主旋律只有一个：吃。朋友知道我喜欢卤味，就提醒我别总是“老天禄”，应该去“小春园”。他坚持认为小春园比老天禄有味。第二天搭捷运在中山站下，直奔南京西路的小春园，店面很小，也没有老天禄的亮堂与喧哗。不过，我心目中的百年老店就该这般低调含蓄。买了卤豆干和素鸡——卤味里的豆制品永远是我的首选。小春园的鸭舌，最为人称道，古法制作，肥嫩多汁，且剔除了气管。我其实是不吃鸭的，但还是鼓起勇气买了，一吃之下相见恨晚。我挑食，诸多肉类不沾，少了很多食趣，但心里明白那些都是好滋味。好在，这次冒险试了鸭舌，算是给自己一个意外补偿。

临走那天，再去小春园买了各色卤味，带在飞机上吃。附近正好有一家“国光手工馒头店”，顺便又买了黑糖馒头。上机安顿好后，饿了，打开塑料袋，只听“轰”的一声，卤香冲了出来，这也太遭人恨了，左邻右舍一边流口水一边拿眼瞪着我。哈哈。太有成就感了！台北小春园的卤味，真给力！

说到卤味，不知道西方或其他国家是否有，我一厢情愿认为是华人独特的饮食。卤味暗藏了时间的积累，想想那些百年老卤，日日翻滚，层层叠加，多么意蕴深厚！

记得有一年去清华游逛，正是午餐时间，就琢磨着在清华哪里吃饭。朋友对清华熟，建议去“甲所”。这幢环境幽雅的平房，透着不一般的神情，难怪，它曾是老校长梅贻琦的宅院，后来长期作为清华大学党委会的办公室，如今成了招待所。那天，我们点了卤千张卷、水饺、韭菜盒、拌莴苣丝，三人吃得很尽兴，才七十元人民币。最惊喜的就是那碟卤千张卷，很久没有吃到这么入味的千张了。

小时候过春节，家里一定有一大锅卤杂烩，鸡、五花肉、猪脚、鸡蛋、豆干，丢一锅里文火卤一夜，真是至味，哪怕仅仅白饭上浇些卤汁，都好吃。更何况，那年头的鸡、猪、蛋多么“绿色”。我对卤味的执着，是不是隐含着对童年的回味？或许吧。

跟着赵文瑄寻味

有一年过完春节返新加坡，在合肥机场买了一本《三联生活周刊》美食特辑“最想念的年货”，做得真好。实际上，《三联生活周刊》每次做的专题特辑都非常棒，值得收藏。这本里面，有一篇《跟着赵文瑄寻味》，看了才明白“戏外”的赵文瑄也是个大吃货。其实啊，敏锐的观众应该早猜出几分，因为“戏里”的他，总与美食有缘，拍了李安的《饮食男女》，又拍了根据日本漫画改编的电视剧《孤独的美食家》（台湾篇），戏里戏外，赵文瑄算是一致的。我有一位朋友，迷赵文瑄，觉得他从青年到中年，不同阶段有不同的魅力。大陆男演员中，像赵文瑄这种气质的几乎找不到。他戏路宽，能演《雷雨》里的大少爷，能演孙中山，还能演胡兰成。

《跟着赵文瑄寻味》一文，提到“食养山房”和“青田七六”，这两处我都去过。2013 年 5 月初，我到台北旅游，那个时候食养山房的名气已经很大了，地址也从阳明山迁到汐止的山谷里了。它不仅是个用餐的佳地，也是个喝茶的场所，我手里正是揣着一本当年《三联生活周刊》的春季访茶专辑，奔向食养山房的。食养山房需要提前一个月预订，我是兴起而往，碰碰运气吧，心里想着若吃不着看看周围环境权当郊游也不错。一个人的旅行就是这点好，可以任性。上网一查，去一趟还真不容易。我上午八时半出发，搭捷运到南港，转火车到汐止，再乘五十一号巴士终点站下车。到了所谓的“终点”，看了地图，这才明白距离山谷里的食养山房估计还得步行十里路。走了几分钟后，我尝试招手拦“顺风车”，居然成功了。上了车，聊得不错，得知这位驾车的先生叫王有森，画家，澎湖人，几年前搬来汐止山里住，大概想了断俗务潜心作画。

很快到了目的地食养山房，询问工作人员是否有位，答案是：没有。可见每日的套餐（他们只提供固定的几款套餐，没有菜单可点）是按当日所需准备食材的。但领班念我远道而来，不忍客人空腹下山，居然免费提供一份简单便当，王有森也得一份。说是简单便当，却不马虎，我猜测应该是员工的工作餐。吃在其次，山房一带风景绝佳，之前看过照片，而今眼见为实。建筑本身明澈通透，照见四周的溪水、植物、青苔、山色、飞鸟，世外桃源也不过如此吧。暮春时节，桐花似雪，落了一地，桐花是这里的奇景，被我们撞上，眼福不浅。王有森先生对花鸟有研究，饭后闲逛时，他一路讲解所见各种蝴蝶及台湾特有的蓝鹊。两个原本毫不相关的人，被我山路上的一个“招手动作”搅在了一起，仿佛“偷得半日闲”。分手时我们留了电话，但互不联系，好像那半日纯粹就是为了回忆的，是过去式，这样也好。虽说好，竟也起了莫名的伤感——缘起缘灭缘自在，人聚人散不由人。

文中提到“青田七六”，是亮轩（马国光）父亲、台大教授、地质学家马廷英先生的故居。亮轩和父亲关系僵硬，后来他写了《青田街七巷六号》一书，算是和父亲“和解”了。赵文瑄说亮轩是他朋友中最会烹饪的。马家的老宅如今也成了日本料理店，名字就叫“青田七六”。青田街一带，大概是台北老树最浓、环境最幽的居民区。大马路对面的温州街已经失去早年的清雅，所幸青田街多少还保留着原有的风貌，值得去走一走。记得那天我在青田七六用餐，遇到一对访台的复旦物理系教授夫妇，他们说这间餐馆是远在美国的女儿推荐的。老夫妻俩吃得很开心。这幢日式庭院，让人想到小津安二郎《早安》的场景。很满足，如同走进了小津的电影。

大隐小隐

到了台北永康街，入口的“高记”上海生煎包想吃；再走几步，天津葱抓饼想吃；“思慕昔”芒果冰想吃；“吕桑食堂”的宜兰菜也想吃。每一家餐饮店都想掀帘而入，那一刻就觉得老祖宗应该规定每天吃六餐才对。不过，这次是奔着“小隐私厨”和“大隐酒食”而去的，其他只能暂搁一边了。大隐和小隐是同一个老板林先生。小隐开张于 2006 年 6 月 6 日，因为生意太好，第二年也即 2007 年 7 月 7 日又在附近开了大隐酒食，与小隐相距仅二十米。大约两年前，小隐改为专营日本料理，大隐则仍旧主打台菜，在菜式上，两店有了区分，顾客可根据自己的喜好，选择大小。

第一晚，我去了本店小隐私厨，真小，只有五张小台，满打满算只能容纳二十人。因为单枪匹马游台北，一个人吃饭，点菜就头痛了。林老板善解人意，建议我点一份烤北海道花鱼、一小块烤味噌猪肉（用味噌酱稍稍腌制后再烤）、一杯啤酒。他说，若饿的话，再来一份竹笋煎饺（五只），并强调他们的煎饺是客人点后，现包现煎。我相信老板的判断，按照他的推荐下单，因为那晚胃口不错，竹笋煎饺也要了。

在台北吃日本料理，性价比很高，小隐的北海道花鱼非常新鲜，肉瓣紧致，不油不腻，却不失丰腴。挤上柠檬汁，搭配萝卜泥，添香去腥，妙不可言。煎饺果然不凡，竹笋清香鲜美，尤其蘸料独特，美乃滋里加入少许芥末，另辟蹊径，口感刺激。这一餐，吃得心满意足，孤独却不寂寞。告诉老板，明天打算去吃大隐，林先生细心，提醒我明天是星期五，通常客满，需要预订。我说那就拜托了。他随即给大隐打了电话，帮我订了位，并和我商量了第二天的菜单，简单讨论后的结果是：鳊鱼白菜卤、午鱼一夜干、柚香莲藕、葱香猪油饭。

第二天晚上六点半抵达大隐，内部装饰和小隐类似，怀旧并带着日式风范。白菜卤是台菜经典，属于古早味“妈妈的菜”——鳊鱼干、香菇、木耳、猪皮、竹笋、腐竹一锅炖，如同过节一般。大隐的这道菜，绝对下了功夫，用料足，费时久，滋味长，可以打满分。柚香莲藕，除了藕片，还有胡萝卜、黄瓜，上面淋了柚子汁，摆上柚皮丝，清爽脆口，非常开胃。猪油饭，几乎人人必点，好吃自不在话下。现在有一种说法，要健康、要减肥就不吃或少吃碳水化合物，米饭首当其冲成了“罪人”，我才不信这个邪，不让我吃米饭，难啊！大隐的猪油拌饭，或者台北任何一摊的鲁（卤）肉饭，我都招架不住。总之，热腾腾的米饭上浇一些红彤彤的汁，我都垂涎欲滴，扒拉扒拉就是一碗下肚，没菜也不介意。前提是，米要好。

午鱼，也叫五仔鱼，肉质比小隐的北海道花鱼更加细腴精致。在台湾，民间有“一午二红沙，三鲳四马鲛，五鯢六嘉鱲……”之说，午鱼是排在第一位的。“一夜干”源自北海道地区，当地渔民为了给鱼保鲜，将鱼剖开，内脏清除，再以低温盐水浸泡，取出，经过一夜风干，鱼肉更加扎实，并减去腥味。后来，朋友告诉我《孤独的美食家》节目里，赵文瑄吃的就是这几道菜，估计也是林先生推荐的吧？

大隐小隐，皆在永康街较隐蔽地段，好味道哪里能隐藏得住，隐隐约约，无非图个欲盖弥彰。

舒国治的《台北小吃札记》

这几年陆陆续续读了一些舒国治的文章，觉得好！他主要写旅游、电影、音乐、书籍，写得节奏悠闲，“不着边际”。我稀里糊涂跟着他的文字走，刚开始还睡眼惺忪，走着走着透彻起来，仿佛走进“鸡声茅店月，人迹板桥霜”。后来，见了舒国治照片，惊异他的干瘦古僻，还带着点儿奇峭，倒不像是活在当下的人。杨德昌过世，周末翻出《牯岭街少年杀人事件》回味追悼，无意间，居然在这电影里撞上舒国治，就是那个（小张震躲在屋梁上偷看拍戏的）片厂摄影师。

近日读了他的《台北小吃札记》，享受又难受，一会儿流口水，一会儿咽口水，实在折磨人。对写吃的书，我一向留心，我可以放胆说，这书非比寻常。举个例子吧，《永乐布市对面“清粥小菜”》一篇结尾写道：“台北吃规规矩矩的清粥早饭的店，刹那间，竟然找不到了。便因这样，我从南区迢迢坐一趟六六〇公车，在塔城街下车，走到这里，为了什么？为了吃一顿三五碟蔬菜的农村社会极是起码的早饭也。”这让我立马想到安伯托·艾柯的那句名言：“你到电影院去看电影，如果角色从 A 点到 B 点花费的时间超出你愿意接受的程度，那么你看的那部电影就是一部色情片。”

就是这样，饮食男女啊饮食男女！

《台北小吃札记》写卤肉饭、牛肉面、包子、馄饨、烧饼、油条乃至萝卜汤、高丽菜，不管荤的素的、咸的淡的，经舒国治一一道来，都化为品格简洁的“山家清供”，妙的是，这些清供又透着恰当的世俗气、烟火味，让你恭恭敬敬又蠢蠢欲动。

好，撇开舒国治，说点我自己的记忆。台北我去过两次，在绝大多数情况下，我认为这个城市最美丽的地方是小吃摊，当然，偶尔我也会犯“艺术病”——犯病的时候，我觉得外双溪的故宫最美。

第一次去台北，一个人背包的，晃了十天，住的是廉价的青年旅舍。记得傍晚抵达，放下行李就赶去辽宁街“小张家”的夜市，电影《春光乍泄》结尾就在这里拍的。影片最后有梁朝伟的独白：“在返香港之前我在台北住了一个晚上，我到了辽宁街，夜市很热闹，我没见着小张，只看见他家人，我终于明白他可以开开心心在外边走来走去的原因，他知道自己有处地方让他回去。”走在里面，喧哗一如电影里的场景，我尽量让自己冷静，冷静了，才能感受周遭。那个台北初夜，我在辽宁街的一家食摊，吃了两碗浓郁的卤肉饭，我不知道为什么那么饥馋。至今我仍然认为台北的卤肉饭是老天恩赐人间的一大实惠。

几天住下来，和旅舍的老板娘熟了，她建议我去搭乘“平溪线观光小火车”。瑞芳、十分、望古、岭脚、平溪等小站构成了“平溪线”。铁轨像马路，铺进镇子，如同江南水乡的流水绕过人家。这一带本是矿区，这些窄轨小火车当初都是用来运煤的。平溪线总长十三公里，途经六座隧道、十五座桥、好几处瀑布，还有流不尽的溪水，看不完的青山。一路上各站自由上下，不限次数，车票当日有效。在十分站下车时，没行几步就撞上一家卖切仔面的，当时正饿得慌，一头栽进店里。那会儿根本不知什么切仔面，既然人家的招牌挂的是“切仔面”，就点了一份。没料到端上一粗瓷大碗，汤色浓白，油面上丢下一把小白菜，色香味俱佳。我探头灶台一看——哇！几大根猪腿骨正在翻滚慢熬。去这种小店，“目测”最重要，舒国治也是讲究“目测”直觉的。小摊位，锅碗瓢盆灶就在眼前，有经验的食客，瞅瞅也就心里有底了。平溪线虽为观光客所设，但并不热闹，三三两两的游客点缀十分小站，愈加衬托出小镇的僻静。那天吃完了，舍不得离开，借着店里的氛围，晕乎乎地打了个盹。醒来，见一只大黄狗躺在脚下，毛色泛着绸缎的光泽。再目测一下这狗，大抵也就知道店家的品质了。

第二次去台北是出公差。头几天办了公事，余下最后一天，窝在旅馆里养神，若逮住机会我总喜欢这样放松一下。所幸，之前就注意到旅馆左边三十米外有间连锁店“新东阳”，新东阳一角，辟了一个快餐铺。中午来买了一客香肠饭，带回房间一边看娱乐电视节目一边吃，饭上除了几片香肠、几根青菜，还有一小撮细碎的萝卜干，电视看到开心处，我跟着傻笑，萝卜干咬在嘴里嘎嘣脆。晚上下来又是打包香肠饭，电视看到开心处，我又跟着傻笑，萝卜干咬在嘴里仍是嘎嘣脆。

多么傻的一天，但就是开心！

回头再说舒国治，有次，他和梁文道闲聊，话题转到日本巨峰葡萄，“舒哥”摇头叹息：“这不是葡萄。葡萄要甜，但不能只是甜，要是没有一丝酸味，何显其清鲜？又如何讲究口味的比例、味蕾之均衡？吃这种甜如蜜的葡萄还不如干脆吃糖。”真的，有道理！

舒国治对吃，有一套自己的家法：该保守的保守，该创新的创新。譬如，喝个西瓜汁，他也要加一块凤梨进去打，令水兮兮的西瓜汁添一袭酸蜜味；甚至还要请店家榨一角柠檬片，更使西瓜汁多了清肝醒郁的芬芳疗意。

《台北小吃札记》，掀开每一页都是好滋味。

餐桌回忆录

最近翻出林文月的《饮膳札记》，这本谈吃的书，越读越有味。

林文月是台大中文系教授，学问好，随笔也写得好，以前读过她的散文集，记恩师台静农的几篇尤其令人低回。台先生是安徽霍邱人，他早年的小说受到鲁迅的称许，晚年在台湾潜心书法艺术，卓然成家。

林文月也是日文翻译家，她译的《源氏物语》较之丰子恺的译本真是“不让须眉”。《源氏物语》典雅细腻之极，木心先生尤赏第一帖“桐壶”，觉得“文字像糯米一样柔软”。心想：有过这番熏陶的人一定幽婉得很。

没错，林文月就是个幽婉的“女史”。忘了是 1985 年还是 1986 年，在复旦听叶嘉莹讲宋词，真迷人，她整个人像是从宋词里走出来一样。林文月的美和叶嘉莹的美都属内敛的，是“颜色上伊身便好，带些黯淡大家风”。

由于是个学者，林文月养成记卡片的习惯。当初，她在纸片上记下宴客菜单、附记日期以及客人的名字，是为了避免日后再邀时菜肴重复。事隔多年，林文月重览那些卡片上的菜名和人名，引发了她的感慨。卡片上的人，如今亡的亡，散的散，正是这份人事沧桑成全了《饮膳札记》这本书。

《饮膳札记》共记了十九道菜（点），有潮州鱼翅、佛跳墙这样的大菜，也有葱烤鲫鱼、椒盐里脊一类家常菜，还有炒米粉、萝卜糕、台湾肉粽等地方食物。每道菜（点）从选材到制作，每一步骤都记叙详尽，与食单无异。可又不仅仅是食单菜谱，每篇文章总有画龙点睛一段，最是滋味悠长。如《潮州鱼翅》一篇结尾："由于烹制鱼翅非易，我并不是常常以享客人，但宴请长辈则往往而备之。母亲去世后，我隔周请父亲来聚餐。他老人家喜食佳肴，而鱼翅软，羹汤鲜，甚得父亲钟爱。我有时特别为他留存一碗孝敬，看老人家呼呼地食毕不留一丝余翅，心中便有很大的安慰。不过，晚年的父亲体力与胃口渐不如从前，而且牙齿尽落，假牙阻碍了饮食的乐趣，任什么山珍海味都不再能促进食欲，有时一片孝心也枉然，委实莫奈何！"她接着写道："有一段时间，我也时时邀约台静农先生和孔德成先生。两位老师都是美食家，故烹制之际便也格外用心。每当有鱼翅这一道菜上桌时，孔先生总是站起来对我举杯说：'鱼翅上桌，我们要特别感谢女主人！'而台先生和其他作陪的同桌友朋也都会纷纷起身举杯。"

宴客的乐趣，大抵在于饮膳间的许多细琐记忆当中。林文月感慨"岁月流逝，人事已非"，但餐桌上的融融场景是怎么也抹不去的。

我常常自嘲我饮食口味的贫寒，譬如鲍鱼这样的东西，对我没一点诱惑，倒是平民化的椒盐带鱼、无锡酱排骨更合我意。不过有两样贵东西，我是嘴馋的，一是辽参，另一就是鱼翅了。

新加坡的泰国鱼翅馆不少，价格公道。我师母也爱鱼翅，有时约我陪她去吃，一人一盅，皆大欢喜。天底下的美食，数鱼翅最浓郁醇厚，浇几滴香醋，撒少许胡椒，趁热下肚，真是美事。有的馆子会配一把去头斩尾的银芽，或一撮鲜绿的芫荽。林文月不喜这两样配料，家宴时皆免，让我觉得可惜。好东西总得有点铺衬。

书中《萝卜糕》一篇有淡淡的怀旧气氛。小时候，每逢过年，林文月母亲都要亲自下厨制作萝卜糕。中国人图吉利，过年必定吃“糕”。萝卜糕流行在闽粤一带，南洋也保留了这个传统。萝卜、香菇、虾米、猪肉、花生揉在里面，和我的童年记忆沾不上边，所以刚来新加坡时，尝了也不觉得好吃。口味，总牵扯着地域和童年，没办法。

欧阳修夸过的“浮槎之水”

有一年秋天，我在老家安徽合肥，过了一段清澄日子。

一天，读了欧阳修的《浮槎山水记》，特地跑了一趟肥东的浮槎山。欧阳修文章里，把浮槎山的泉水捧得很高，我心里痒痒的，很想取一些回来泡茶。据说，“六安茶叶浮槎水”，曾是皖中地区老一辈茶人对一杯好茶的最高定义。

没想到合肥郊外居然也有让欧阳修称颂的好泉水。不过，隔了一千年的漫长岁月，大文豪夸过的“浮槎之水”，如今安然无恙乎？尽管出发前上网搜索，得知泉水仍存，但心里还是担心网上消息的可信度及泉水的清澈度。

从合肥到浮槎山，仅需一小时车程。山脚下，有一条土石路直通山顶，路况虽不佳，但小车上山，无大碍。秋光里，满山都是野菊花，随风摇曳，看着舒服。山里的空气清新芬芳，精神跟着为之一爽。突然从闹市转入幽静山林，从现代转入欧阳修笔下的历史场景，觉得恍惚，也觉得亲切。我们应该时不时换个时空，

“穿越”一下。

山顶的大山庙正在重修，并更名为大山寺。寺庙前方的一条小路，伸向几间平房构成的院落，欧阳修《浮槎山水记》提到的泉水即在院中。此泉分两池：北池名为合泉，方形；南池名为巢泉，圆形。两池合称“合巢泉”。北池水清澈见底；南池水则略微泛白，不是浑浊，有点接近白玉的质感。因此，北池也称清泉，南池又名白泉。从欧阳修的文章可知，此泉是庐州太守李端愿发现的，他把泉水装罐，千里迢迢运到京城送给懂水爱茶的欧阳修品尝。他尝后，大为叹服，写了这篇《浮槎山水记》，答谢李端愿。现在看来，我们的庐州太守赚大了，一罐泉水，换来文坛巨擘欧阳修的一篇不朽文字，回报率太大了。从此，浮槎山一举成名，浮槎水源远流长。

欧阳修到底是高手，在“友情文章”里不忘阐发自己的思想，笔锋一转，写道：“夫穷天下之物无不得其欲者，富贵者之乐也。至于荫长松，藉丰草，听山溜之潺湲，饮石泉之滴沥，此山林者之乐也。”接着，他进一步表达：仅仅拥有满足物质欲望的富贵之乐是不够的；享受富贵之乐的同时，兼有在松荫下枕着丰草听潺湲的水声、饮滴沥的石泉这样的山林之乐，才是真正的快乐。

富贵之乐，不是想要就有的，但山林之乐，人人有份。这让我想到苏东坡《前赤壁赋》里的一段话：“且夫天地之间，物各有主。苟非吾之所有，虽一毫而莫取。惟江上之清风，与山间之明月，耳得之而为声，目遇之而成色。取之无禁，用之不竭。是造物者之无尽藏也，而吾与子之所共适。”苏东坡的文字，大概受到前辈欧阳修的启发。

步出泉池，在小院里转悠一番。这里本是龙王殿，殿废后，在旧址上建了此院，几间平房现在成了浮槎山茶厂。进屋，欲和几位茶农闲聊。适逢一位和尚端然在座，乃大山寺新任住持昌学法师。法师是安徽定远人，在五台山出家多年，为了家乡发展，他告别五台，挂锡浮槎，发愿恢复净宗祖庭大山寺，实为浮槎之幸！

临走，用带来的两个空矿泉水瓶装了方池里的清泉。回家第一件事就是煮水，泡了一杯六安瓜片。是的，我正享受着“六安茶叶浮槎水”。

你若问：喝起来如何？答曰：大滋味。

你若进一步追问：大滋味是个啥滋味？答曰：柳绿花红（借用珠光禅师四字）。

皖西访茶记

一

喝了多年霍山黄芽，最近才开始关注并向往它正宗的产地：大化坪镇金鸡山。

春天稍纵即逝，得赶紧访茶去。2013 年 4 月 11 日上午，晴，暖，蠢蠢欲动，于是和好友刘君驶向皖西大别山。合肥至霍山，一路高速，一个半小时可抵。途经霍山县城东南的文峰塔，下车登台（螺蛳台），绕塔观赏。此塔为清道光年间重建，砖石结构，实心密檐，棱角六面，浮屠七级，造型甚是俊秀古朴。

简单午餐后，开往大化坪镇。霍山至大化坪两条路可走，一易一难，我们选择了较为险峻的山路迎白路、诸廖路，当然为的是沿途的美景。一路上，可见群山环抱的佛子岭水库、无边竹海、各种葱翠树木，其间点缀着紫色泡桐花、红色杜鹃花、黄色油菜花，还有山里特有的清新空气。山里空气负离子含量极高，大脑也跟着兴奋冒泡，思绪活跃。车子在山路上七弯八绕，开开停停，我俩一惊一乍，一唱一和，很久没有这样放纵“卖萌”了。

下午三点多开进大化坪，一巨石上写着“中国霍山，黄芽之乡”八个大字。过了桥，即是茶市，茶农将一篓篓新摘的茶青背到此地卖给收购者。山里人实在，交易公平，固然也有讨价还价，但绝不离谱。什么等级的茶青卖什么价，基本固定。若在清明前，一叶一针的顶级茶青一斤可卖一百五到两百元，一天一个价，逐渐降低，现在大约一斤八十元。一般的中等茶青一斤五十元上下，次等的只值二三十元。四斤多点的茶青可制成一斤成品茶。

在大化坪镇上逗留约一小时，随即向金鸡山挺进。接近山顶，有个叫纸棚的村民组，一幢二层楼民房（陈家）前的狭长路面，也是一个收购茶青的小集市。越往山上的集市，茶青的质量越好。用这里的茶青炒制的茶叶可以说是最正宗的金鸡山黄芽。山顶上用篱笆围了几十棵茶树，成一圈状，以示霍山黄芽发源地，类似老龙井十八棵御茶园。茶园下方建有一座“很排场”的亭子。霍山人爱用“排场”一词，适合各种场合各种对象，姑娘漂亮也说长得排场。

晚上我们就借宿纸棚组的陈家，儿子陈礼锋在外地打工，每年 4 月回来帮助家里干活，一天上山摘茶两次。陈家父亲忠厚少话，陈礼锋性格像父亲，寡言踏实，一看就是本分人。

七点，天黑尽了，和陈家三代围桌吃饭。饭厅中堂供奉着“天地国亲师位”，祭祀上天、下地、国家、祖先、老师。农家菜朴素香醇，我的胃口奇好。

饭后出门，满天星斗，这样的天空真是久违了。步行五百米至金鸡山茶都茶厂，和厂长程仰国闲聊。霍山黄芽本属黄茶，黄叶黄汤，味道独特。现在的黄芽基本上按绿茶方式制作了，少了“闷黄”工艺。据程仰国解释，闷黄工艺复杂，时间长（需四五天）；再者，大多数人追求茶叶和茶汤的新鲜碧绿，懂得欣赏黄茶滋味的茶客少了，懂得闷黄工艺的师傅也少了，久而久之，霍山黄芽慢慢趋为绿茶了。

访茶黄芽之乡，且喜且忧。黄芽不黄不绿的暧昧身份，值得深思。

二

4 月 12 日，晴和。六点不到起床，悄声出门，呼吸山里的新鲜空气。想到托马斯曼小说《魔山》里的疗养院。

回转吃了早餐，告别陈家，告别金鸡山，颇有不舍之意，约好明年春天再见。

驱车开往下一站：金寨齐头山蝙蝠洞——六安瓜片的原产地。

齐头山一带，旧时为六安管辖，现属金寨县。齐头山蝙蝠洞所产瓜片为六安瓜片之极品。瓜片采摘，与众不同，只取其嫩梢壮叶，是绿茶中唯一不采梗不采芽只采叶的。茶称瓜片，是因为叶形似瓜子。六安瓜片属中国十大名茶之一，《红楼梦》里提及的“六安茶”，一般被认为就是瓜片。

十多年前，到了南洋后，我习惯了味酽韵厚的铁观音。回头再喝毛峰、黄芽、龙井等绿茶，就觉得太寡淡了，不过瘾，唯有“口味偏重”的六安瓜片，我是越发喜欢了。梁实秋在《喝茶》一文里写道：“有朋自六安来，贻我瓜片少许，叶大而绿，饮之有荒野气息扑鼻。”确实，比起清淡的黄芽，六安瓜片的香气显得更加朴实醇厚，令人回味无穷。小津安二郎认为“电影以余味定输赢”，茶亦如此。

从霍山大化坪到金寨齐头山蝙蝠洞，需途经落儿岭、诸佛庵，再从诸佛庵镇转入去小干涧的山路。开了两个多小时，才抵达齐云村。齐云村原属响洪甸镇，几年前响洪甸镇改为麻埠镇。麻埠在民国年间曾非常繁华，有“小上海”之称。1957 年，因修建响洪甸水库，麻埠被淹在了水下，销声匿迹。恢复麻埠旧名，也是对那段繁华日子的纪念和对老区未来的激励。

我们把车子停在一间黄土屋前，屋主叫陈汉林，中午在他家吃了午餐，一盆熏肉味美至极。山里湿气大，熏肉耐存，故家家户户都悬有熏肉。饭后，陈汉林做向导，领我们步行上山，一睹蝙蝠洞尊容。从屋侧的一条小路进山，顿时“鸟语花香，溪水潺潺”，堪用“景色如画”来形容。常言“天下名山僧占多”，依我看，茶也占了不少。有茶的地方，几乎都有好山色好景致。陈向导说，以前山里的杜鹃花很多，后来渐渐少了，被人挖去卖钱，山里的野生兰花也一样，遭人偷采。陈汉林鼻子尖，远远闻到了兰花香，追着香味即刻发现一株兰花，手一挥：看，在那里！难怪蝙蝠洞一带的瓜片潜伏着一股淡淡的兰花香，比别处的瓜片显得矜贵些。走了二十分钟，山路开始变得陡峭，有的地方得手脚并用，狼狈不堪。一小时后，看到 一块崖壁屹立前方，我知道蝙蝠洞不远了。果然，几分钟后到了崖壁下。向导带路去看“蝙蝠洞”三个凿刻在石壁上的大字，而蝙蝠洞则在左侧崖壁的半腰上。看这情形，我是不可能攀上洞口的，能在洞下举目张望，已经心满意足了。此洞因洞内有大量蝙蝠栖居，故得名；蝙蝠粪也有助于茶叶长势。向导说他家的茶园就在蝙蝠洞附近，今年气候不好，不利茶叶收成，每天只能采摘茶青二斤，制成成品茶不过四五两。

下山回到向导家，购得两斤他家手工自炒的瓜片。用山泉水冲泡，茶味深长，浓郁回甘，的确带着幽幽的兰花香。暗自担心，山里的兰花一旦被挖光了，瓜片的兰花香哪里来呀？另一个担心是，采茶是个技术活，可山区劳力不足，只得雇外地人采摘，难免会影响茶的品质。瓜片尤其讲究，只取肥嫩叶片，没有经验的雇工很难做到下手快准。

我在皖西访茶过程中，一路结识不少农家朋友，每次都会购一些茶叶，这已经成了惯例。我心里没把它当成买卖行为，而是一种因茶结缘。也许明年开春，我和他们还会相逢，也许从此不见，不管哪种，他们在我心里都是一辈子的事，会因某个“茶话题”，再次点燃、明亮、温暖。

茶在，情在；茶在，春在。

从冶堂到竹山

每隔一段时间，我就心痒脚痒，想跑一趟台湾。2013 年 5 月又到了台北，去了冶堂。最早知道冶堂，是从舒国治的文章里。舒国治这样写道：“冶堂，是个隐藏在深巷的既卖茶叶也卖茶器物的茶庄。但称它为‘台湾茶文化的小小博物厅’，或最贴切。”所谓深巷，即是永康街三十一巷 20-2 号，寻起来并不难，从东门捷运站出来，步行七八分钟就到了。

那天进门后，和堂主何健先生闲聊一会儿，颇受益。何健先生 4 月刚去皖南一带访茶，到了太平猴魁产地、黄山毛峰产地、祁门红茶产地。他惊讶皖南采茶居然没有劳动力，他本以为安徽这种地方，乡下应该人多，没想到年轻人都外出打工了。

恰巧，我 4 月也在安徽访茶，不过，和何健先生的线路不同——他在皖南，我在皖西。于是，告诉他皖西也一样人工短缺。

除了上述三款皖南名茶，皖西的六安瓜片、霍山黄芽、舒城小兰花、岳西翠兰，也非常出色。这四种茶的正宗产地，我一一寻访，最惊讶岳西翠兰产地竹山风景之动人，茶叶之幽香。竹山，是一个村民组，位于岳西县姚河乡香炉村，海拔八百米。它是岳西翠兰的两个主产地之一，另一个是包家乡石佛村。岳西司空山是禅宗二祖慧可大师的道场，由于佛教文化一度盛行，像“香炉村”、“石佛村”这样的地名，也许并不是一种偶然现象。

和好友宗龙从合肥开车到竹山需三小时，过了舒城到了岳西境内，景色更为惊心动魄，基本上就是沿着山崖走，虽是一〇五国道，其狭窄如同县道。抵达香炉村后，有一段六公里的盘山路，迂回旋转，由于宗龙的驾龄不长，车技一般，保险起见，我们在山下打电话到竹山茶厂，询问是否有可能派车下山来“搭救”我们。那天的运气实在好，居然是刘会根厂长接的电话，他答应下来载我们上去。其实竹山之行，就是慕刘厂长大名而去的。

岳西翠兰的历史只有短短二十八年。1985 年，岳西县组织技术力量，在“舒城小兰花”的工艺基础上研制开发了岳西翠兰。竹山的刘会根和包家乡石佛村的冯立彬是两位最重要的功臣。2008 年，竹山发现不少古茶树，经专家鉴定，树龄在三百至五百年；2010 年还举行了“竹山古茶树保护区立碑暨五百年古茶树挂牌庆典”仪式。二十八年和五百年，仿佛有了衔接点。

十分钟后，刘厂长的车子下来了，带上我们，开向竹山。他说茶季最忙的阶段已经过去了，今天正好得空，他领着几位北京来客满山转悠，我们也跟着同行。山坡上除了茶园就是竹林（竹山就是这样得名的）和各类花草树木，其间点缀几户人家，堪用

“景色如画”来形容。刘厂长指着一条山间小路说，沿着这条路走上一两公里，翻过这个山头，就是舒城的白桑园村了。我和宗龙听了，会心一笑。几天前，我俩访过白桑园，村民告诉我们，翻过这个山头，就是岳西的竹山了。很奇妙的感觉，一座山，一边是岳西翠兰的产地，另一边是舒城小兰花的产地，翻过去倒过来，都是好茶。

那些坑里的茶

一　猴坑

皖南有不少幽僻的山谷村落以“坑”命名；这些坑，又有不少因茶闻名。其中，最为世人知晓的当属太平猴魁产地：猴坑。

一般来说，猴坑、颜家、猴岗所产的太平猴魁最正宗。新茶刚出那几天，此三处的猴魁价格在每斤两千元以上，普通百姓哪里消受得起！

这些年我去过不少名茶的核心产地，虽是访茶，也是旅游，两者兼顾。这些名茶原产地，几乎都在“风景如画”的山里，尤其是太平猴魁的核心产地——猴坑。以前来猴坑不容易，最后一段需弃车坐舟才能进坑。八年前（2010 年）造了卢溪坑大桥，路也修好，现在就可以开车进来了。猴魁比别的茶要迟上市，一般在 4 月 20 号左右开园，今年（2018 年）热，比往年早一周开园。4 月中下旬，各路人马汇集猴坑，人山人海，车子排成长龙往猴坑移，一年中也就这半个月左右的“茶季”，安安静静的小山坑炸开了锅一般，家家忙着制茶卖茶，和外人交易。茶农这半个月的收入够他们一整年花销了。

我们没有赶这个热闹，5 月 11 号下午才进坑，村子里暗藏一种“曲终人散”的松懈气氛，若有所得又若有所失，人人脸上既疲惫又满足，像刚打完了一场胜仗。朋友介绍我们住在茶农刘长明老板家。我很想知道当年舟车劳顿入坑的线路，恰好刘老板家有一艘小汽艇，当天下午他就安排我们上船，从他家附近的小码头驶向太平湖，算是逆向体验了一下当年乘舟进坑的感觉。

太平猴魁属于柿大种，它绝对是“绿茶里的战斗机”，七厘米长，两叶抱一芽，一根根竖立玻璃杯里，煞是美妙壮观。目前，方家的“猴坑茶业”、郑家的“六百里”，是太平猴魁最大的两个生产品牌。刘长明家有近百亩茶园，一年产茶一千五百斤，茶季繁忙时段雇用五十多个劳工，在当地算是较大规模了。虽然他家的茶园在高山上，位置好，品质高，茶叶不愁销，但刘长明不满足现状，一直苦于没有叫得响的品牌。我明白，他是想干一番大事业的。

到猴坑之前，我只知道茶农王魁成（1861—1909），人称王老二。奇怪的是，到了猴坑，和当地人聊天，几乎无人提及王老二，大家挂在嘴边的人物都是“三老板”刘敬之（1880—1965），他是当地的富商、开明绅士，常年在南京做生意，开茶行，猴坑一带的茶园大多属于他家，王老二就是刘家的帮工。

王魁成聪明好学，加工制作一款“王老二奎尖”，这款茶到了南京市场，很受欢迎。刘敬之和好友苏锡岱商议一番，为区别于其他尖茶，用产地猴坑的“猴”字，取茶农王魁成的“魁”字，重新定名为“太平猴魁”。1915年，刘、苏二人联手将此茶送往在美国举办的巴拿马万国博览会，获得金奖，从此“太平猴魁”盛名远扬。

刘长明的爷爷刘孝振也曾是刘敬之家的帮工。刘长明说，猴坑人都称颂刘敬之的人品，他总是接济穷人，帮助茶农。

二　枫坑

曾喝过泾县的“涌溪火青”，茶叶形状，一粒粒的，墨绿油亮，属于“珠茶”。也许那天口渴之故，觉得这茶实在好喝。之后，念念不忘涌溪火青的醇厚滋味，常常和人提起火青，硬是把它捧得天上有人间无的。别人听了，根本不搭理我这个话题，安徽的好茶“多了去了”，哪轮到涌溪火青！觉得我小题大做。可我还是固执地牵挂涌溪火青。

朋友去芜湖办事，我跟着，说好第二天从芜湖去泾县涌溪火青产地榔桥镇涌溪村枫坑看看。已经5月下旬，早过了访茶时节，但心里还是想着“非茶季”的涌溪村枫坑到底是个啥样子。下午到芜湖，朋友忙他的，我逛街。经过一间“溪谷茗茶”茶叶行，和老板聊得投缘，于是坐下喝茶。老板姓朱，无为人，做电缆生意致富，忙里偷闲开了这爿茶叶店修身养性。生意场上累了，他就躲进店里喝茶解乏，平心静气。打理店面的女孩，谈不上多漂亮，但朴素低调、贤淑雅致，和茶很搭。她为我们泡了最早一批3月19日采摘的鸭坑毛峰。鸭坑毛峰？我怎么没听过。朱老板看出我的疑惑，随后解释："几年前我在黄山汤口镇芳村属下的一个村民组鸭坑买下一片茶园，生产有机毛峰茶。可能鸭坑毛峰没有'谢裕大'或'老谢家'出名，但我们的品质绝对一流。"喝了一口鸭坑毛峰，果然一派天香，毫无杂念。此为我喝过的为数不多的极品茶之一，难以忘却。没有不散的筵席，依依不舍告别朱老板和他的茶。

第二天一早直奔榔桥涌溪村的枫坑，在路上巧遇村支书，听说我们特地从合肥赶来，他安排民兵营长做向导，带我们去枫坑。深入枫坑必须弃车用脚，步行四五公里，一路上蹚溪水，过石滩，穿竹林，黄色蝴蝶翩翩起舞，山里野花随风送香。世外桃源也不过如此吧！由于交通闭塞，茶季一过，坑里了无人烟，一路上仅见三五户人家，零星点缀在静美悄谷之中，倍觉清寂。还好，一位在哈尔滨打工的陈兄，回坑休假，且做几日小神仙。民兵营长趋前用方言和陈兄招呼一番，我们的午饭难题当场解决。炝青椒、拌黄瓜、油焖茄子，三个素菜胜似"花天酒地"，我们吃得欢欣鼓舞。饭后，一碗茶。

到过枫坑，吃了枫坑的饭，喝了枫坑的茶。好了，知足了。

施茶

古代文人喝茶颇为讲究，对茶叶、用水、器具、人数、环境等有严格的要求。我们可以从陈洪绶、唐寅、文征明，尤其是皖籍画家丁云鹏的《品茗图》、《烹茶图》、《煎茶图》之类画作里，领略当时的场景。也可从明人的笔记里感受一二。以饮茶人数为例，明代陈继儒在他的《茶话》中谈及："一人得神，二人得趣，三人得味，七八人是名施茶。"同为明人的张源，在他的《茶录》中则说："饮茶以客少为贵，客众则喧，喧则雅趣乏矣。独啜曰幽，二客曰胜，三四曰趣，五六曰泛，七八曰施。"

看来，古代文人喝茶推崇"得神、得幽"的独饮，最多也就三两知己。七八人一起喝茶就是施茶了。这里所谓的施茶，如同干苦力的喝茶为了解渴。撇开"政治正确与否"不谈，喝茶上升为一件风雅事，不过是少数人在条件许可下弄出来的闲情逸致而已，若忘了喝茶解渴的本分，那终将是"镜花水月"。

古人多有做善事者，在交通要道建茶亭，为行脚僧、过往行人、劳苦大众免费施茶。这类茶亭又称茶棚、路亭、凉亭。安徽岳西县山间古道，还零星保存一些古茶亭。钱子华先生在《多少茶亭烟雨中》写道："响肠镇内四十里古皖道，应是我县茶亭相对集中的地段。……解放前，岳西除了有长年固定施茶的茶亭外，还有很多临时茶亭、茶棚。临时茶亭多在荒年和青黄不接的季节出现，为当地户族的一种善举。这种茶亭，形制简单，一般在过往行人较多的路边或岭上，用几根松木、数捆芭茅搭建而成，户主派人坐地施粥、施茶。"足见皖西民众受佛陀教化，慈悲为怀。

鲁迅与周作人都爱喝茶。周作人喝茶，士大夫情调多些。鲁迅喝茶比较实际，能上能下，他的《喝茶》一文，传达了他对喝茶的看法："假使是一个使用筋力的工人，在喉干欲裂的时候，那么，即使给他龙井芽茶，珠兰窨片，恐怕他喝起来也未必觉得和热水有什么大区别罢。"他在文尾总结："喝过茶，望着秋天，我于是想：不识好茶，没有秋思，倒也罢了。"

鲁迅在日记中，有多处茶事记载，譬如 1933 年 5 月 24 日所记："三弟及蕴如来，并为代买新茶三十斤，共泉四十元。"一次买这么多茶，喝得了吗？第二天（5 月 25 日）的日记揭开了谜底："以茶叶分赠内山、镰田及三弟。"内山，即鲁迅的日本朋友内山完造，内山书店的老板，镰田则是内山书店的店员镰田诚一。

20 世纪 30 年代，上海的沿街店铺有一习俗，每到夏天，店家都在门口备有茶桶，过路者尤其是人力车夫可自行用一长柄竹筒舀茶水喝。内山君入乡随俗，也在书店门口放置茶桶，并负责烧水，鲁迅则负责供应茶叶，两人合作施茶。

鲁迅 1935 年 5 月 9 日的日记写有：“以茶叶一囊交内山君，为施茶之用。”鲁迅与内山施茶于民的善举，后世应当效法。

我记得小时候，合肥东部曙光电影院前靠近大马路的一侧，有一些卖凉茶（将茶水放在水桶里浸凉后，倒在玻璃杯里。不是广东“凉茶”的概念）的摊位，一杯一杯放满一桌子，一分钱一杯，主要卖给拉板车的。那年头，物质匮乏，自身难保，免费施茶的善举销声匿迹。不过，现在想想，看到汗流浃背的车夫花一分钱能喝上一杯沁人心脾的凉茶，卖茶的小贩也算有功德了。

我去三潭摘枇杷

水果和人一样，也讲个“格”，榴梿虽贵为水果之王，但论格，未必高于枇杷。金农、虚谷、任伯年、吴昌硕、齐白石都爱画枇杷。在画家的应景题材“岁朝清供图”里，枇杷是主角之一。听说美国人不吃枇杷，家里院子的枇杷大如鸡蛋，无人搭理，任其败落。我会心一笑，喃喃自语：“对了对了，这就是美国。”

4 月中旬，我和朋友在“莆田”吃饭，餐馆附送了几粒枇杷，估计是福建产的，早熟，味道寡淡，就是尝个新鲜而已。我这位长者朋友学问好，脱口而出一首南宋戴复古的诗：“乳鸭池塘水浅深，熟梅天气半晴阴。东园载酒西园醉，摘尽枇杷一树金。”十天后，我在苏州耦园“载酒堂”看到一副对联，其中上联“东园载酒西园醉”，就取自此诗。

福建、云南、四川的枇杷成熟早一些，徽州和苏州的枇杷一般都在五六月间采摘，所谓“蚕老枇杷黄”。在我的心目中，苏州洞庭东山（所谓“东山枇杷，西山杨梅”）和徽州歙县三潭，是两个最佳枇杷产地。说实话，我虽生于安徽，却很少吃到三潭枇杷。枇杷不易储存，加上以前交通不便，枇杷一直是稀罕水果。5月底，姐姐姐夫要自驾去歙县三潭，邀上老母亲和我，四人一车，满满当当，欢欢喜喜。

三潭，是指歙县境内新安江沿岸的漳潭、绵潭和瀹潭三个自然村。群山环抱着三个大面积的深水潭，三潭因此得名。此地冬暖夏凉，终年云雾缭绕。“三潭”特有的小气候，为枇杷的生长提供了得天独厚的条件。 经当地朋友洪会长的介绍，我们选择三潭之一的瀹潭作为目的地，瀹潭孙大姐家的枇杷远近闻名，我们就冲着她家去的。到了瀹潭村，才知孙大姐家的枇杷园，还有七八里路，她在树上忙着摘果，派妹夫来村口接我们，开车四五里后，还得弃车步行三里才抵枇杷园。三里小路仅一米宽，果农只有靠双肩把枇杷挑出来，十分辛苦。现在好一点的茶叶，动辄几千人民币一斤，三潭枇杷的斤价不过七八元人民币，果农比起茶农的收入要少多了。

孙大姐一家都是厚道人，让我们随便采着吃，她特别指着一棵树说：“这是野生的白肉枇杷，叫白花蜜，极珍贵，你们尽管吃。”吃了，确实好，类似洞庭东山的白玉枇杷。三潭枇杷，形如丸，体积小，最大的也不过乒乓球大小，但味醇，八分甜二分酸，这二分酸更凸显了八分甜。枇杷古称“卢橘”，苏东坡有诗曰“客来茶罢空无有，卢橘微黄尚带酸”。临走，我们买了几箱枇杷回来送人，孙大姐一再提醒，枇杷表面有一层细密的茸毛，不要用手擦蹭，否则不易保存。

祁红屯绿

“祁红屯绿”,这四字组合,给人一种徽商的富庶与儒雅之感,而且显得春意盎然,是深山里的春意,耐久,一直可以捞到夏日里。

说到安徽的茶叶，以前是离不开这四个字的，但现在似乎有点尴尬，祁红与屯绿，两者挨得不那么紧了，红瘦绿枯，各自恹恹。尤其屯绿，多少有点名存实亡的意思。什么是屯绿？徽州地区的休宁、歙县、绩溪、祁门、婺源（现属江西省）等县所产的绿茶，当年都是在屯溪集散、输出，因此统称“屯溪绿茶”，简称“屯绿”。这样的统称，可能为了方便出口外销，实际上，屯绿在国际市场的名气一直远远大于国内。但在国内，不会有人说喝什么屯绿，而且屯绿名下，没有一种叫得特别响的品种，渐渐成了虚化的、笼统的符号。不像太平猴魁、黄山毛峰、六安瓜片，指涉性明确。

再说，现在交通便利，休宁、歙县、绩溪、祁门、婺源的茶叶未必需要到屯溪来中转、面市了。其实，婺源已经开始另立山头，称他们的绿茶为“婺绿”了。

至于祁红，那是另一番局面，本可以好好拓展的，但没有做到，沦为渐渐消退的“夕阳红”。

杨绛《我们仨》有一段写道：“我们一同生活的日子——除了在大家庭里，除了家有女佣照管一日三餐的时期，除了锺书有病的时候，这一顿早饭总是锺书做给我吃。每晨一大茶瓯的牛奶红茶也成了他毕生戒不掉的嗜好。后来国内买不到印度‘立普登’（Lipton）茶叶了，我们用三种上好的红茶叶掺合在一起作替代：滇红取其香，湖红取其苦，祁红取其色。至今，我家里还留着些没用完的三合红茶叶，我看到还能唤起当年最快乐的日子。”看来，钱杨夫妇还保留着在英国养成的喝红茶的洋习惯。祁红的汤色，固然鲜艳诱人，但香与味，同样可取，犯不着滇红、湖红代劳。但杨绛这么写，自有她的用意，三合一红茶，暗合“我们仨”，隐喻一家三口融为一体的亲密关系。还有，我不明白为什么要取湖红的苦味，或许是钱家饮茶口味的偏好吧？

现在立普登红茶很普遍，中国各地的超市都有货。赖瑞和在《杜甫的五城》一书里写他20世纪80年代末到大陆旅游，四处喝不到红茶，这可苦了在马来西亚长大喝惯红茶的赖瑞和。看了，我会心一笑。确实，在相当长的时间里，中国大陆是没有饮红茶风气的。改革开放后，咖啡倒是很快进来了，但红茶没有进来，立普登、大吉岭、格雷伯爵，都不见踪影，连中国自己的祁红、滇红、宁红、宜红、川红，也无声无息，这个现象确实很奇怪。

大概最近二十年吧，红茶才开始在中国的商店可寻，咖啡馆也有红茶可点了。我曾就职《安徽日报》，有次去徽州采访，初尝祁红，惊艳，从此爱上。如果不是因为红茶，祁门这个皖南小县，怕是没多少人知晓的。但祁门（英文是 Keemun），在欧洲尤其在英国确是大名鼎鼎的，祁门红茶（Keemun black tea），与大吉岭、锡兰乌巴并称红茶中的三大极品。

除了祁红，我也爱喝大吉岭红茶。喝大吉岭时，就会想到徐悲鸿，他曾在这个印度北部山城住了几个月，并在此创作了很多传世珍品，包括巨幅设色水墨画《愚公移山》。徐悲鸿的“大吉岭时期”，值得美术史家进一步研究。徐悲鸿在画上的落款，大吉岭的“吉”，上面的“士”总写成“土”，不知是笔误还是书法的需要，反正看了，印象深刻。基兰·德赛获布克奖的《失落》，是部不可多得的小说杰作，故事也发生在大吉岭属下的小镇噶伦堡，读后让人念念不忘，这些都是促使我爱饮大吉岭的“外缘”。

2017 年，我和朋友去了祁门桃源村和箬坑，两处都是祁门红茶的原产地。当然祁红的核心产地不止这两处。我几位喝茶的好友都知道，我偏爱家乡安徽的祁红，那股子独特的“祁门香”，似花似果似蜜，却又似是而非，说不清道不明，心里有数。朋友中因我的极力推举而爱上祁红的也不少。他们打趣我，叫我“祁红大使”，这么高大上的称号，我当然要认。

先去了桃源村，该村商绅陈光楷与贵溪村胡元龙及在祁门历口创业的黟县人余干臣，并列为祁红三大创始人。因为不是茶季，几乎没有寻茶人，我们一行来到桃源，并非访茶，主要来看七个古祠堂和村口的一座廊桥。该村的村史馆就设在七座祠堂之一的“大经堂”里，布告栏里介绍了“桃源开创祁红获得巴拿马金奖”的情况。桃源村古风犹存，乡民善良厚道，因不是热门景区，还没有商业化，红尘不到红茶乡。家家户户有红茶，却不强行推销。“保极堂”外，农家大姐正在切玉米片（掺有芝麻等调料）晒，然后油炸吃，类似虾片。大姐看我们好奇，回家抓一把成品让我们品尝。我们问价想买，她说：“不知价格，从未卖过，你们吃吧。”此地真乃世外桃源，村人“不知有汉，无论魏晋”。

第二站箬坑乡才是我们此行的重点，晚上就住在箬坑金山村的“祁春红茶庄园”。第二天廖善宝庄主约我们喝茶，有一款极品红香螺，实在好。廖庄主告诉我们，他从“祁门茶厂”聘请来了专家朱根生——祁门红茶制茶师、工夫祁红拼配师。朱根生是红茶大师闵宣文的弟子，曾是祁门茶厂最高传统技艺团队“手工场”的一员。祁红的许多殊荣都是这个团队创造的，可以说，“手工场”的技艺就是非物质文化遗产祁门红茶的核心技艺。有了朱根生，“祁春”做出来的茶，也就高人一等。国营的祁门茶厂，1949 年之后曾是祁红第一重镇，最近二三十年，国有企业纷纷转舵改制，成立公司。天下第一号祁红生产厂家名存实亡，老师傅被私人企业陆续挖走。廖庄主是个书画家、修行者，也是内行的茶人，他当然明白，除了茶叶生长环境，制茶人的作用也非常重要。我们夸他的茶好，他得意，指着茶汤说：“好的祁红呈琥珀色，而非红色。透着光，茶汤里有绒毛。杯沿映出一圈金黄色的光环，这条金边，是祁门红茶冲泡中独有的现象。”我们细瞅，果然。

红茶也有老茶？有。一般红茶的保质期是二年左右，这是一般意义上的食物储存标准，但若保存得法，没有霉变，它就不仅是茶，也是一味中医里的药引了。具有药用价值的祁红可以保存二十年、五十年，甚至更久。廖庄主看我对老茶有兴趣，请我们喝了一款二十一年的老祁红，潜伏淡淡枣香，非常难得。

时间，毁坏了一些东西，也成全了一些东西；时间，是残酷的，也是慈悲的。端看你如何应对时间。

为了喝祁红，特地买了一只 Bodum 玻璃杯，浑圆通透，衬着嫣红的茶色，赏心悦目。有时，也会配两粒司康（scone）或咖喱卜（curry puff）。唯一的遗憾，就是狮城常年如夏，要是大冬天里，一杯红彤彤热乎乎的祁红在手，再加几款点心，嘿，还不美死了！对器物的讲究，冲泡的方法，加方糖还是砂糖，什么时段搭配什么茶点，这些貌似重要，可说到底并不那么重要。在商品俭约、生活清苦的年代，和三两好友雪夜闲聊，用搪瓷杯喝祁红，饿了，用电炉烘烤几片馒头，照样满室生香，呼应着青春的肢体和思想——我们曾经就是这样做的，真是令人感怀！

徽州粿及其他

小时候怕吃黄花菜（金针菜），觉得淡而无味，也怕吃馒头，同样觉得淡而无味。现在还是不喜欢吃黄花菜，但爱吃馒头了，而且对几乎所有面食都能欣然接受了——渐渐尝到了面食的大滋味。

2017 年 3 月去兰州，因为不爱吃牛肉，对兰州大名鼎鼎的牛肉拉面只能敬而远之，倒是发觉兰州的大饼味道好极了。我住的旅馆对面有条巷子，夫妻俩开了一间手工纯碱大饼店，下午四五点新鲜出炉。那个点，正好我出门玩了一天倦鸟归巢，路过这间大饼店，买上两个热腾腾的大饼，麦香诱人，边走边吃，真是觉得踏实安稳。“这样的幸福握在手上，吞在肚里，谁也夺不去”，我心里想着。我把大饼掰开拍照晒在微信朋友圈里，眼尖的吃货即刻回复：“这个饼芯看上去松软，像面包。”说得一点不错，大饼外刚内柔，“情感”很丰富。

我有一阵，周末常往长堤那一端的马来西亚新山跑，无非吃吃喝喝。到新山，一定要吃“协裕”面包，协裕至今仍旧保留着传统的火炉，用木炭作为燃料。火炉大得像窑，又像炼钢炉，一排排的面团送进炉里，颇壮观。我一直担心这个面包老作坊说不定哪天就关闭了，因为这个担心，越发觉得他们面包的好吃：椰丝面包、加央面包、豆沙面包、花生面包和香蕉糕，每一款都好。我个人最喜欢的是香蕉糕，松软柔蜜，还带着弹性。每天中午面包出炉时段，门口等候的人来自新加坡、吉隆坡等地，好不热闹。后来发现隔一条街的“沙拉胡丁”印度面包店也非常传统味美，这就多了一个选择，两家轮流吃。

几年前，我去台湾鹿港旅游。意外的收获是吃了“阿振”的黑糖桂圆馒头，香味醇厚悠长。拿桂圆入馒头、入面包，大概是台湾首创。大名鼎鼎的“吴宝春”就有一款“酒酿桂圆面包”。比起吴宝春的昂贵，阿振的黑糖桂圆馒头要实惠多了，是天长地久家常过日子的味道。我后来在其他地方也吃过类似的黑糖桂圆馒头，都不如鹿港这家。

2 月下旬去皖南歙县卖花渔村看梅花，漫山遍野，砌红堆绿，蔚为壮观，煞是惊艳。为了能够体验大清早山村的幽静与清新，我们在村里的农家旅店住了一晚，第二天早餐，主人提供了徽州粿——加了馅的面饼。说到粿，大家都知道潮州粿，等你吃了徽州粿，就会颠覆对潮州粿的印象。粿，虽是米字旁，歙县一带的粿，通常用面粉制作，将擀好的面皮包上馅料，收口捏紧，推成圆形，在平锅上煎，饼上放一块石头压着，压石头是为了传热均匀，使饼馅熟透。所以，这种粿也称“石头粿”。压粿的石头，都是祖上传下来的，有的是名贵的青砚石。歙县粿的馅，以前都是五花肉丁加炒过的黄豆粉，现在改良了，添加各种蔬菜。

后来我们去了同属于古徽州的绩溪县，这里的粿与歙县粿又不同，绩溪的粿，称为拓粿（也称踏粿、挞粿），用文火炕，不用石头压，馅料以霉干菜、腌雪菜、萝卜丝、笋丝、香椿为主。古时，徽州人外出经商，必定带上拓粿，到田间劳作，也带上拓粿。徽州粿，也是“徽骆驼”精神的体现，徽商胡雪岩少年时去杭州做学徒，就是带了一摞拓粿上路的。胡适夫人江冬秀也常做家乡拓粿招待客人，这些都成了美谈。

我们在绩溪街头餐饮店，买了四种不同馅料的拓粿，皆佳！

那些丸子圆子们

还是从安徽三河的毛圆豆腐青菜汤说起吧。青菜当然是那种娇滴滴的、热气“一哈即熟”的鸡毛菜；毛圆就是肉圆，粒小。五六年前和朋友去九华山，下山回程途经三河镇，在路边小店吃了这道汤，毛圆的滑嫩柔糯，有入嘴即化之“蜜意”，真叫人念念不忘。肉圆，再家常不过的菜，但越是家常越难讨好，这道理人人懂。

除了毛圆，红烧肉圆（狮子头）也是一道家常菜。最近看《寻梦半世纪》DVD，昆曲名伶岳美缇回忆当年“昆大班”的伙食，独独怀念食堂的红烧肉圆，她说：“又大又浓，很好看，黑黑的又甜甜的，放在碗里舍不得吃，把饭全吃完了再去细细品尝。”那是 20 世纪 50 年代的事，人心纯真，等我 80 年代中期到上海读书，大学食堂里的红烧肉圆品质已经退转，一半吃的是面粉。寒暑假回家，吃得最多的就是母亲做的不掺假的狮子头，有一种补偿的心理，仿佛在外面吃了亏，回家讨公道。

张子静在《我的姐姐张爱玲》一书中写道："合肥丸子是合肥的家常菜，只有合肥来的老女仆做得好，做法也不难。先煮熟一锅糯米饭，再把调好的肉糜放进去捏拢好，大小和汤圆差不多，然后把糯米饭团放蛋汁里滚一滚，投入油锅里煎熟，姐姐是那样喜欢吃，又吃得这样高兴，以至于引得全家的人，包括父亲和佣人们后来也都爱上了这道菜。"合肥人一看就明白，所谓的"合肥丸子"就是糯米圆子。合肥人过年，可以不吃饺子、不吃汤圆，一定要吃糯米圆子。二姐的手艺最好，她炸的糯米圆子远近闻名，分送左邻右舍，人人夸赞。二姐说，除了姜末，大蒜要切碎放足，糯米和大蒜是绝配，一经油炸就放香，趁热吃最受用。实际上，从小到大，一炸圆子，我必定守在锅边，炸好就往嘴里丢，"年饱年饱"，就是这样饱的。隔天回锅的圆子，就大为逊色了。

现在都说油炸的食物不健康，但在母亲的心目中，如果没有一锅翻滚的油，飘着香味，那就不叫过年。任凭窗外寒风凛冽或大雪漫天，室内仍旧一团和气。朋友里也有"年夜饭"去餐馆吃的，渐渐地似乎成了风尚。保守的母亲听了不以为然，放了狠话："老太太活一天，就别想在餐馆吃年饭。再苦再累，年菜必须家里做。"

回头再说张爱玲，看《十八春》，印象最深的菜是南京的莴笋圆子，小说里这么写道："沈太太那天回去，因为觉得世钧胃口不大好，以为他吃不惯小公馆的菜，第二天她来，便把自己家里制的素鹅和莴笋圆子带了些来。这莴笋圆子做得非常精致，把莴笋腌好了，长长的一段，盘成一只暗绿色的饼子，上面塞一朵红红的干玫瑰花。她向世钧笑道：‘昨天你在家里吃早饭，我看你连吃了好两只，想着你也许爱吃。’啸桐看见了也要吃。他吃粥，就着这种腌菜，更是合适，他吃得津津有味，说：‘多少年没吃到过这东西了！’姨太太听了非常生气。”

既盘成饼子，大概是扁圆形的。张爱玲写小说，非常注意细节，莴笋圆子，其实起到了使啸桐（世钧父亲）回心转意的作用，正是吃了这久违了的莴笋圆子，刺激了啸桐的味觉乃至心思，他一时念起，要从小公馆搬回家住。沈太太大概万万没料到“莴笋圆子”的神奇功能。

新加坡当然少不了丸子圆子，鱼圆面和牛肉丸粿条算是这里有名的小吃。不过，鱼圆没有鱼的味道，徒有虚名；牛肉丸也没有牛肉的质感，我也不以为意。本地人用“弹牙”一词来赞美鱼圆和牛肉丸的口感，我也感受不了，免“弹”了吧。想想还是我们的红烧狮子头吃起来过瘾，是人间浓郁的大滋味。

向豆腐学习

如果让我选择最爱的食物种类，非豆制品莫属。豆腐、豆干、千张、腐竹、豆浆、腐乳等等，都是“我的菜”。

安徽八公山是豆腐的发源地，所产豆腐非常有名。八公山地处淮南与寿县交界处，故寿县和淮南两地的农民，多掌握了一套好手艺，制作的豆腐细、白、鲜、嫩，令人赞叹。两地为争夺“豆腐之乡”各不相让。舒国治在一篇文章里写道：“最近去了一趟安徽寿县，除了凭吊淝水之战的现场，登一登保存完整的古城墙，还尝了一尝这个豆腐发源地的豆花。不尝便罢，一尝才确切知道我们台湾三四十年前常吃的街头挑担子豆花的那股滑腴，委实是早已不存在了。”我在合肥吃过一次八公山豆腐宴，说实话很后悔，再怎么喜欢吃豆制品，各种做法的豆腐堆成一桌子，也伤胃口。凡事，还是该细水长流，有节有制。

安徽六安有一款著名的早点——卤千张包油条。六安，以瓜片茶名世，它是个小城，古风犹存，每天清晨，早点摊热闹非凡，满城飘香。有次，我和朋友一大早心血来潮，居然开车一个多小时从合肥到六安，就是为了去吃卤千张包油条。

喝茶时，我常配上几块茶干。现在超市里各地生产的茶干，多以麻辣等重口味揽客，豆干的本味被忽略，甚是遗憾。徽州休宁的“五城茶干”，可能是少有的例外，可以品尝到豆干的原汁原味。徽州这地方，饮食文化较特别，除了臭鳜鱼，还有毛豆腐。电视片《舌尖上的中国》把徽州毛豆腐捧红了。所谓毛豆腐就是通过人工发酵，使豆腐表面生长一层雪白的细毛，处理得当，不但不坏，反而有股异香。把毛豆腐放在油锅里煎，立马滋啦啦的，待煎至两面金黄时起锅。趁热蘸上调料吃，不亦乐乎。有一年的三伏天，我曾在屯溪老街吃毛豆腐，挥汗如雨，痛快淋漓。

都说日本的豆腐好吃，前年在京都算是领教了一回。一天去访岚山嵯峨野一带的大觉寺，之后又从大觉寺步行去祇王寺，快到祇王寺的时候，瞥见“寿乐庵”的门面，依稀记得旅游书介绍这家的豆腐汤绝佳，连忙从背包里拿出书来证实，果然是它！寿乐庵，非庵堂，只是料亭的名字。店不大，仅五六张低矮小桌，顾客席地而坐。老板娘六十上下，朴实无华。我点了豆腐汤套餐，汤底用新鲜食材熬制，汤色清澈，带有鱼的鲜味和野菜的甜味，豆腐更是细腻如凝脂，关键是：它充满了豆腐味。我最怕把豆腐弄成鸡蛋的味道，或者布丁的味道，如果这样，还不如直接吃鸡蛋或布丁了。老板娘十分细心，看我吃得欢快，额头冒汗，悄悄拉开两面落地格子窗，让风对流——好风如水，潺潺而过。我想，以后有风吹过的时刻，都会唤起这个豆腐汤的滋味。

豆腐具有兼容并蓄博采众长的品性，和任何东西一起煮，都能吸收别人的优点，化为己有，又不失原有的风味。我们应该向豆腐学习。

南瓜是个好东西

最近常煮南瓜粥，在超市里买澳洲产的蓝色南瓜（blue pumpkin），瓤厚，皮是淡蓝色，蒙了一层白霜一样，几乎成了灰色。就粥的菜则是咸鸭蛋，粥的微甜与咸蛋的搭配很是微妙；蛋黄的沙红与南瓜的糯红，彼此呼应，令人愉悦。咸鸭蛋一定要趁热吃，小贩中心里切成一半、放了半天的咸鸭蛋一股冷腥气，难吃。

人的口味会变的，尤其中年之后，不知不觉显出父母的影响。小时候，我对山芋、南瓜、玉米之类毫无兴趣，母亲倒是非常喜欢这些粗粮，尤其是南瓜。印象中，母亲把南瓜切成大块，连皮一起煮，锅里的水收干了，就熟了，所以水放多少很关键。母亲总是买老南瓜，挑选煮出来口感很面、很糯的那种，偶尔失手买到煮出来“水哈哈”的，母亲就很失望，甚至整锅倒掉。南瓜的气味很重，家里煮南瓜的时候，到处都是它的味道，因为那时候不爱吃它，所以觉得并不好闻。后来读到张爱玲一篇散文写道：“小饭铺常常在门口煮南瓜，味道虽不见得好，那热腾腾的瓜气与‘照眼明’的红色却予人一种‘暖老温贫’的感觉。”不得不佩服张姑奶奶感官的敏锐，她拣出“五月榴花照眼明”里“照眼明”三字，用在这里，倒是别致。

《红楼梦》里也提到南瓜，三十九回刘姥姥二进大观园时，带来了一些乡村土特产，枣子、倭瓜和野菜等。四十回“史太君两宴大观园，金鸳鸯三宣牙牌令”，一群仕女行令喝酒，说的都是文雅的词儿，刘姥姥这个乡下婆子“混迹其间”，冒出了“一个萝卜一头蒜”、“花儿落了结个大倭瓜”等俗语，两处提到的倭瓜就是南瓜，她酒令里的萝卜、蒜头、南瓜给文绉绉的大观园带来了一股田野气息。《红楼梦》里达官贵人公子小姐丫鬟仆人写得好，不足为奇，曹雪芹的厉害是居然把村妇刘姥姥写得活灵活现，成了一个经典人物。中国小说里的农民哪一个超过刘姥姥？

南瓜是平民食物，饥荒年份还可以和山芋等充当主食，替代馒头和米饭。如今不同了，南瓜跃为健康食品，可减肥、降压、防癌。除了南瓜粥，我也迷恋南瓜饼，上海人做的煎南瓜饼精致美味，宏茂桥组屋区有对上海夫妇开了间小馆子“上海人家”，他们的南瓜饼就很好吃。

以前，不仅农夫种南瓜，城里人若住房有庭院也会种它，茎梗蔓延到屋顶，橘红南瓜高悬，很是可观。不少画家喜欢画南瓜，譬如农村出生的齐白石，熟悉南瓜，画来得心应手。海派画家吴昌硕也爱画南瓜，他以另一种方式亲近南瓜。旧时，大户人家的客厅，用南瓜做供品，放置在酸枝木做的架子上。陈存仁的文章

就写道：“吴昌硕的画室案头，就供了各种形状的南瓜，而且配了木架。老友往访，引进画室，要人家去欣赏他罗列在案头的南瓜。奇形怪状，蔚为大观。”吴昌硕喜作“岁朝清供图”，除了梅兰竹菊，图中必有佛手和南瓜。

顺便说几句陈存仁，他是个了不起的人物，本行是中医，结交无数名流，文章写得好，化死板文献为生动事例，不同凡响。因阿城的“发现”，前几年广西师大出版社推出他的旧作《银元时代生活史》和《抗战时代生活史》，好评如潮。

无蛋不欢（二帖）

一

我从小爱吃鸡蛋，至今积习不改，无蛋不欢。

最近去朋友家吃饭，话题聊到煎鸡蛋。他说用平底不粘锅煎鸡蛋，美则美矣，但总觉味道不对，缺乏口感层次。最好用尖底铸铁锅，煎的时候，让鸡蛋外沿起泡、脆黄，咬起来滋啦啦的；蛋黄不能太老也无须太生以致流淌，呈软膏状最是理想。到了南洋，我学会在煎鸡蛋上淋稠浓的黑酱油吃，别有滋味。当然，煎鸡蛋必须起锅后趁热吃，温了或凉了，滋味就会打折扣。

味道，总是和记忆相连。小时候，端午节，家里用大砂锅煨粽子，顺手下几粒鸡蛋进去，一夜下来，鸡蛋含着粽叶的清香，别提多诱人了。客家人有道名菜“猪脚醋”，他们喜欢丢鸡蛋进去和猪脚一起煲上几天，冷了热，热了冷，反反复复的，浓汁浸透鸡蛋，据说很滋补，尤其对孕妇。

母亲擅长炒鸡蛋，同学来我家吃饭，都对母亲的炒鸡蛋念念不忘。在那个物质相对匮乏的年代，家里临时留客吃饭，一定加一个菜：炒鸡蛋。母亲的炒鸡蛋浓油赤酱，大大咧咧，她把酱油、醋、姜末、胡椒粉、辣椒丁、葱花等加在鸡蛋液里一起搅拌后再下锅，大火翻炒，油汪汪地端上桌。其实，按现在的标准，并不健康，可好吃极了。最近看了《舌尖》第二季，徽州歙县老油坊手工榨制的菜籽油，犹如琼浆玉液，恨不得化身为偷油老鼠。忽然醒悟，在没有色拉油的年代，母亲应该就是用菜籽油炒鸡蛋的吧？难怪奇香无比。菜籽油的缺点是油烟重，现代的主妇们敬而远之。可上一代的母亲们是不惧油烟的，“油烟气”成了我童年记忆里扑不灭的人间烟火。

记得张爱玲小说《半生缘》里，世钧第一次去曼桢家吃饭，曼桢母亲临时添了一个菜：皮蛋炒鸡蛋。皮蛋炒鸡蛋不像是上海本帮菜，曼桢府上是安徽六安人，这道菜是不是受江淮地区饮食风气的影响？不得而知。

几年前，我访问物理学家兼诗人黄克孙，老先生聊到早年和杨振宁杜致礼夫妇交往频密，那时他常去杨家吃饭，并称赞杜致礼母亲（杜聿明夫人）的炒鸡蛋非常好吃。黄教授说老太太没什么文化，但持家一流。

蒸鸡蛋，我也百吃不厌。外甥这点很像我这个舅舅。外甥上幼儿园时，傍晚只要笑嘻嘻回家，我们就猜到午餐一定有蒸鸡蛋。别的菜，他都吃不饱，吃不饱怎会笑嘻嘻？读《红楼梦》，对司棋这丫头是有些服的，颇有几分晴雯的爆炭性格，她为了一碗蒸鸡蛋和柳家的大闹了一场。“蒸蛋风波”除了刻画了司棋的刚烈，为她后来的撞墙而死做了铺垫，大概还有更深的寓意：贾府开始走下坡了。正如柳家的所说：“你们深宅大院，水来伸手，饭来张口，只知鸡蛋是平常物件，哪里知道外头买卖的行市呢。别说这个，有一年连草根子还没了的日子还有呢。”曹雪芹真是厉害，看似普通的小争执，实则暗藏大玄机。

鸭蛋，正好和鸡蛋互补，煎、炒、煮、烩、蒸，都有一股腥气，难以下咽，唯有加工成皮蛋或腌渍成咸蛋，才算找到出路，仿佛转世投胎，开辟出另一番境界。父亲晚年身体不好，胃口退化，送到病床前的食物再鲜美，也被他推到一侧，唯有咸鸭蛋配稀饭，他还接纳。父亲去世前，最后进的食，就是咸鸭蛋和粥——暖红，清白，欢畅。月亮好的时候，我会想到咸蛋黄。那是父亲奄奄一息时也不曾拒绝的食物。

二

有时候，朋友聚会，要求一人带一个菜，每到这关头，我就傻眼了。傻了几次之后，终于觅到活路：那就煮茶叶蛋吧。一开始以为“小菜一碟”，后来发觉是给自己下了套。什么事要做好都不容易。这个麻烦是自讨的，只有认了。

余仁生的茶叶蛋药材包是现成的，随去随买。当初也就是因为知道有它，才敢于承诺做茶叶蛋。这个调料包里有当归、白芷、甘草、八角茴香、肉桂、花椒、茶叶等，再放适量老抽、生抽、盐，反正按照指南去做，味道差不到哪里，也好不到哪里，可以蒙混过关。对于吃，我还是有点挑剔的，渐渐就不满足这个普通滋味了。3 月去中国西北，在兰州喝了几次三泡台，里面除了有春尖茶，还有枸杞、小枣、杏果、桂圆、葡萄、菊花、冰糖，我一边喝一边思量，咱的茶叶蛋也可适当添加一些新配料啊，经过几次试验，觉得红枣、桂圆、冰糖三样最宜采用，尤其红枣，给茶叶蛋平添枣香。总之，料要下足，宁可“猛”一些。

有几点要注意，茶叶蛋煮前，要用冷水洗净，再煮熟（煮时清水里加少许盐，这样蛋壳好剥）。然后用冰水“激”一下，再清洗一遍。煮开裂的鸡蛋，尤其蛋黄露出的一定要剔除，否则一锅汤就浑浊了。鸡蛋壳敲碎（为了美丽的冰裂花纹及便于吸味），再放进调料锅。食材本身得好，鸡蛋可选用较低胆固醇的胡萝卜鸡蛋，酱油就用日本萬字牌吧。为了证明它不仅是养生蛋，也可被称为茶叶蛋，我放的红茶量偏大，用的是安徽老家的祁门红茶，有一股特别的“祁门香”——如果你鼻子厉害，即使在这锅五味杂陈的“大染缸”里，你还是可以嗅到祁红轻轻跳跃释放的香气。

时间，是非常重要的因素，大火煮开后，需文火熬一夜。急不得，你想一两个小时就吃到美味茶叶蛋，不可能。

起初，我一直为一锅浓汤犯愁，蛋吃了，汤就这么扔了，不忍。最近看了《小津安二郎美食三昧・关东篇》，里面提到东京一家店“银之塔”，这家的“焖菜”是小津的最爱。看到这里，那锅茶叶蛋汤顿时有了起死回生的意义。我不敢说自己是个素食者，但一个月总有二十天是吃素的，尤其在家几乎从不煮炒荤腥。所以我的焖菜其实就是焖蔬菜，不像“银之塔”的招牌红焖牛肉、红焖八宝。我一般做两种：一种是焖素什锦，将汤汁过滤，倒进砂锅（焖菜一定要用砂锅，好了直接端锅上桌），豆腐、豆卜、大白菜、土豆、香菇、黑木耳、笋片、黄花菜、白萝卜、胡萝卜等等，几乎所有蔬菜都可以丢进去，根据自己的喜好选择搭配，再加油、盐、胡椒粉即可。起锅时最好撒一把切碎的芫荽。另一种是单独焖台湾白苦瓜，除了油盐，还需另加豆豉、冰糖和黄酒。这道菜苦中回甘，韵味无穷。嗜辣的，可另配一碟辣椒酱，挤一些酸柑汁，酸甜苦辣，一应俱全。

焖菜，顾名思义也得文火慢慢焖，平时上班没时间陪它玩，所以焖菜基本上就是“周末菜”，当然，茶叶蛋也是“周末蛋”。

静下来，我也反思我这锅茶叶蛋是不是太啰唆了，应该做个减法，就用红茶、八角、酱油三样也可以吧？还可以再减？也许有一天少了七情六欲，就会一减再减。

瓦壶、锡罐与瓷杯

《水浒传》三十八回，宋江和戴宗、李逵在琵琶亭上喝酒，宋江喝多了，忽然想要辣鱼汤醒酒。鱼汤上桌后，宋江说："美食不如美器。虽是个酒肆之中，端的好整齐器皿。"宋江身上到底有几分文人气，不同其他梁山好汉，故能道出"美食不如美器"这等言语。

喝茶遇到好茶器，同样令人愉悦。曾和朋友去岳西，访司空山、妙道山、鹞落坪。景色之美，出乎预料。一路游山逛水，心情也跟着美滋滋的。一天中午，我们在五河镇小河南村一间农家乐吃饭，老板姓王，是村支书的弟弟。饭桌摆在街边的竹亭里，面山临水，大饱眼福。等菜的时候，王老板提着古朴瓦壶，往我们的大碗里倒茶。端着粗瓷碗，喝着瓦壶茶，既解渴又解乏，是平民阶层得天独厚的大享受。看着桌上造型朴素的老瓦壶，贪心顿生，问老板：瓦壶卖吗？答曰：不卖。王老板接着说，夏天用瓦壶泡茶，很清凉，仿佛冰镇过一般。（郑板桥有诗"瓦壶天水菊花茶"，写得好！）

皖西乡下，老百姓大多用不起紫砂壶，价廉物美的泥瓦壶便成了房前屋后田间地头的寻常物。瓦壶选用优质黏土烧制而成，不上釉，不涂彩，胎质自然，壶身遍布无数肉眼看不到的细微毛孔，与外界相通。装在瓦壶里的茶水通过这些细孔不断向外蒸发，带走热量，降低了壶内水温。这也就是王老板说的瓦壶泡茶“很清凉”的原理。也不知从何时起，制作“泥瓦壶”的传统工艺渐渐失传了，瓦壶在民间几近销声匿迹，遗留下的老瓦壶都成了价值不菲的古董。据王老板说，以前不仅瓦壶家家户户都有，锡壶也不难得。现在手工打制的老锡壶更加稀有。几年前，朋友送我一个机器制造的锡茶罐，比起手工的老锡器，差远了。新马的小镇，还幸存一些老茶庄，我每次进去都依依不舍。那些用了几十年的装茶锡罐，变成了灰褐色，沉甸甸的，叫人宝爱。马来西亚霹雳州在英国殖民时代，因锡矿开采举世闻名，锡器也是马来西亚的特产之一，具有一百多年历史的“皇家雪兰莪”是世界顶级锡器制造商，其产品绝美。

最近在读日本民艺之父柳宗悦的《日本民艺之旅》，深有感触。日本人对传统手艺的尊重，值得我们学习。说到日本的民艺之美，手拉瓷最是朴雅。日本茶杯大咧咧的，日本酒杯倒是小巧精致，用来喝中国工夫茶，再好不过。突发奇想，用岳西大瓦壶配上日本小酒杯来喝茶，偶尔为之，应该很刺激。

近日购得一套日本酒器，即一壶两杯，成了我日常的饮茶器具。尤其两只小酒杯，杯沿弧度吻合嘴唇，贴上去，咬得丝丝入扣，滴水不漏。我把这感受告诉好友，好友不屑，嘲讽道：这哪是喝茶呀，分明是性饥渴。我无语。

好的，算你狠，你这家伙肯定是得了观赏美剧《破产姐妹》后遗症。

山西五谷香

有一种说法，“地上文物看山西，地下文物看陕西”，此言不虚。为了追寻梁思成林徽因的足迹，我和朋友日前去了一趟山西，专看古建筑和古寺庙，收获良多。行前唯一的担心就是饮食，牛羊肉我不爱吃，而到了山西不吃牛羊肉，吃什么？谈何口福？正在苦恼中，山西的朋友一句话点醒了我：“到山西，多吃面食和五谷杂粮。”小时候就怕吃面食，近二十年变了，渐渐喜欢上了麦香和杂粮的质感和粗美。

记得看《舌尖上的中国》，有一节说黄馍馍，印象深极了。我们第一站直飞大同，去了当地人介绍的粗粮店“紫泥”，吃了梦寐以求的黄馍馍。包了豆沙枣泥馅的黄馍馍，蒸炸了口（所谓的开口馒头），一上桌，香气如活火山一般喷了出来。黄馍馍用的是糜子面，也叫黍——中国先民最早的口粮。这种最原始的食物，经过祖先不断琢磨，做出了最香甜可口的黄馍馍。大同“凤临阁”的百花烧麦，有“天下第一笼”之称，褶子捏得好似绽放的花朵，如此俊的烧麦，头一回见。热腾腾的烧麦蘸上老陈醋，尝一口，妙不可言！到了大同，没有不吃刀削面的，路人大多推荐“东方削面”，去吃了，确实好。临走那天，遇到一个出租车司机，是个吃货，他说：“要说大同的刀削面，二板、小梁两家最好，小梁曾在二板打工，后来出来自创牌子。”遗憾，我们正赶火车，下次来大同，一定去“二板”或“小梁”。

从大同坐火车到了忻州，再从忻州去五台山。在忻州那晚，我们在市中心闲逛，过几天就是中秋节了，街上不少店铺销售胡麻油制作的神池月饼，奇香扑鼻。以前只知道上海“杏花楼”的月饼和昆明的云腿月饼，对北方月饼毫无概念。山西之行的收获之一：从此在我的美食记忆里多了一个“神池月饼”。神池月饼的最大特点就是用胡麻油。胡麻油除了做月饼，西山人还用它炒土豆丝、烙饼，讲究一点的人家包饺子，也是用胡麻油炒馅。住在五台山时，店家用胡麻油、麻麻花炒土豆丝，我们吃了一碟，大赞，意犹未尽，又叫店家炒了一碟。麻麻花，是一种分布于东北、华北地区的草本植物。在晋北，人们把它晒干了，当上等调味料。我们在大同喝的小米土豆粥里也撒了麻麻花。山西的莜面栲栳栳、豆芽炒碗托、高粱面鱼也很别致，尤其蜂窝状的栲栳栳，真不知怎么整成这模样。

意外的惊喜是山西太谷饼，口感非常接近英国司康饼（scone），绵密松软，甚至比司康饼多了一份质朴，不需要任何涂抹的东西，配上一碗小米粥，相得益彰，是天长地久的大滋味。

“人说山西好风光，地肥水美五谷香。”是的，山西五谷香。

拉萨的茶馆

到了拉萨，我非常愿意尝试一下当地的食物，但只能是浅尝辄止，真要我天天吃，肯定不行。譬如，第一天就去尝了藏面，汤头不错，很鲜，可面条实在不敢恭维，又硬又没有嚼劲，真是辜负了“硬”字。糌粑，我也不会用手捏着吃，把酥油茶倒进去搅拌，成了糊状物，不伦不类，算是勉强给自己一个交代：好歹吃过糌粑了。不过，拉萨的甜茶，倒是出乎预料的好，几乎所有游客都喜欢喝。

拉萨的茶馆真多，里面没有绿茶、乌龙茶、普洱茶供应，只卖甜茶和藏面，有的还卖包子、炸土豆（拉萨的土豆非常好吃）等点心。藏式甜茶，其实就是奶茶，红茶加奶粉和白糖，和新加坡小贩中心或茶餐室兜售的奶茶差不多，不同的是，新加坡加的是炼乳。别人推荐我去大名鼎鼎的“仓姑寺茶馆”，很多人因为仓姑寺茶馆而知道仓姑寺，就如广西师范大学因它的出版社变得有名一样。仓姑寺茶馆的甜茶，由寺里的尼姑亲自制作，总觉得有佛力加持，味道也就格外香甜。五块人民币一小暖瓶，足够两个人喝的。

和一般甜茶馆嘈杂的环境不同，这里相对安静和干净，可以沉下来坐久一些。但你若要真正体验藏式茶馆的市井风情，就该去“光明港琼甜茶馆”，这是间非常平民化的茶馆，一块钱一杯，里面黑压压的都是人，很多藏民在这里一泡就是大半天。店堂里光线昏暗，声音和面目都半隐半现。长条形的旧桌子拼接成长长一排，桌子两边，大家面对面坐着、聊着，手里的念珠也不忘转动。

进门后，先去拿杯子，桌上放一块钱，穿白大褂的服务员提着铝壶就会来倒茶，收走钱。你不断放钱，服务员就不断为你续杯。藏民，因为有宗教信仰，他们对生活要求不高，一般很少存钱，余钱多捐给寺院，在茶馆里一杯又一杯喝着甜茶，就是他们最甜蜜的生活、最快乐的时光。

拉萨物价非常贵，超过北上广深，超市里可口可乐三元一听，火车站卖到五元一听。茶馆里的甜茶才一元一杯，就显得非常便宜了。可是当地的藏民告诉我，从前甜茶才三毛钱一杯，这些年不断涨价。外来人口的移入，高消费观念的渗透，使得拉萨发生了不小的变化。不过，我相信藏民有足够的定力和智慧驯服外面世界对西藏佛系生活的刺激和干扰。

拉萨的甜茶馆，让我想到江南的茶馆和一元书场、二元书场。2014年，我在上海七宝老街，还进去一间二元书场，听了濮建东的评弹《义妖白蛇传》，里面也是黑压压蓝扑扑的，全是老人。濮建东的“小阳调”好听，他的小嗓漂亮极了。不知道这间书场还在吗？

高邮是个好地方

说到高邮，大家都知道那里出咸鸭蛋，而且双黄者甚多。汪曾祺先生一听到别人说“你们那里出咸鸭蛋”，大概就暗自发笑，心里嘀咕：“好像我们那里就只出咸鸭蛋似的！”他接着道来：“我们还出过秦少游，出过散曲作家王磐，出过经学大师王念孙、王引之父子。”

说实话，我和画家朋友张震去高邮，主要是为了看看汪曾祺的故乡，看看他笔下的风土人情。当然，高邮的美食也是诱惑我们前去的另一个缘由。汪曾祺绝对是中国现当代最好的作家之一，他和孙犁是我心目中的双璧，尽管两人的个性、风格、观念很不一样，但殊途同归，都达到了艺术上的至高境界。去高邮前，重读了他的小说《异禀》、《受戒》、《大淖记事》、《八千岁》、《侯银匠》、《小娘娘》等，真是水粼粼加上水灵灵。我到高邮湖和大运河高邮段一看，就明白汪曾祺的文字和故事有着怎样的来历了，老先生在最艰难和最得意的年代，都是从容淡定的，“智者乐水”，是有道理的。有的作家心里有一团烈火，要燃烧；汪曾祺不是这样，他心里有一泓清水，想流淌。所以，他活得浩荡开阔、有情有趣。他也特别喜欢吃吃喝喝，在《异禀》里写到高邮的熏烧摊子（熏烧就是卤味），特别介绍蒲包肉的做法："蒲包肉似乎是这个县里特有的。用一个三寸来长直径寸半的蒲包，里面衬上豆腐皮，塞满了加了粉子的碎肉，封了口，拦腰用一道麻绳系紧，成一个葫芦形。煮熟以后，倒出来，也是一个带有蒲包印迹的葫芦。切成片，很香。"蒲包肉，在别处确实吃不到，到高邮的当晚，我们在一家当地的淮扬菜馆点了蒲包肉，配上啤酒，很是受用。

汪曾祺成了高邮的一张名片，文游台里建立了汪曾祺纪念馆。另外，竺家巷还有汪曾祺故居，不过当年的格局荡然无存，汪曾祺同父异母的妹妹（比他小二十岁）住在里面，他妹妹非常和善，长得也像汪曾祺，她对我们说："上世纪80年代哥哥想回老家住一段时间，写长篇历史小说《汉武帝》，但未能实现。"还好，没写成。汪曾祺拿手的是笔记体的短篇，长篇非他所长。

高邮在扬州的上面，大家都一窝蜂去扬州旅游，把高邮忽略了。再说，高邮不通火车，如今高铁时代，火车开不进来，就吃亏了，但吃亏也可能是福，高邮还保留着最传统的早餐，来吃的几乎都是本地人，不像扬州的早餐店里挤满了游客。我们特地在高邮住了一晚，就是为了享用第二天的早餐。一大早，张震和我去了"张记酒楼"，两个人点了五丁包、五仁烧卖、大蒸饺、阳春面、油糕、黑芝麻包，全是手工现做现蒸，需要等候一段时间，但值得。小城的慢节奏，成全了美滋味。这一餐，深烙在我的记忆里，成了我早餐的最高典范。

高邮的镇国寺塔和盂城驿，此两处皆为全国重点文物保护单位。镇国寺塔为方塔，与西安大雁塔建筑风格类似，故又被誉为“南方的大雁塔”。盂城驿则是大运河边保留下来最为完好的古代驿站。关于盂城驿，值得好好研究，可以写一篇长文。

高邮是个好地方，至今仍独守其风雅与安闲。你一定要去高邮。

《千羽鹤》里的志野茶碗

川端康成用典雅丰腴、闳约深美的文学，补偿他瘦骨嶙峋的躯体；他的精神能量是多么巨大啊，以致吸走了他所有的血与肉，仅留下皮和骨。

因为茶的缘故，也就格外偏爱川端的小说《千羽鹤》。不伦的情爱是这篇小说的外在故事；它的潜在主题则是茶道：茶室、茶会、茶碗。尤其是小说里的茶碗，似乎都有了“人性”，暗喻了人物的性格与命运。川端的这篇《千羽鹤》算是把不伦之恋推向了极致，男主角菊治与父亲的情人太田夫人及太田夫人的女儿文子皆有染，换个角度说，也即太田夫人与菊治及菊治父亲都有过床笫之欢。尽管人物关系混乱，但不觉得龌龊，倒也“乱得清楚”。川端小说既澄澈如镜，也妖雾弥漫，佛性之外，兼备魔力。他得《源氏物语》的滋养，极尽日本哀伤美学之能事。

《千羽鹤》开篇第一句即是：“踏入镰仓圆觉寺，已经迟到了。但菊治仍在踌躇着自己该不该来参加这个茶会。”川端小说的第一句非常讲究（另一个例子是《雪国》），它注定了菊治优柔寡断的性格。菊治如同夏目漱石《其后》里的长井代助或张爱玲《十八春》里的世钧。现实中这样拿不定主意的世家子、犹豫男，未必受欢迎，但作为小说人物还是令人着迷的。若拍电影，在我的心目中，菊治的首选应该是年轻时的加山雄三，或许本地演员戚玉武也是适当的人选。

小说里提到的茶具有：（黑）织部茶碗、赤乐与黑乐茶碗、太田夫人的遗物志野壶和志野茶碗、菊治父亲的遗物唐津茶碗。尤其是志野陶茶碗，简直就是太田夫人的化身，格外重要。小说第三章甚至就用“志野陶”做章名。太田夫人自杀后，文子先把母亲用于插花的志野罐水壶，继之把母亲生前常用的志野茶碗送给了菊治。志野罐水壶“白釉之中幽幽地透出红色，使陶瓷表面呈现出浓淡适宜的娇艳。菊治忍不住伸手去抚摩。”志野壶让他想到过世的太田夫人，菊治很喜欢“这种轻灵、柔美、宛如梦境的志野”。文子也想一睹菊治父亲生前使用的茶碗，他们从茶箱里取出一看，“啊，是唐津瓷呀！”文子感叹道。唐津茶碗和志野茶碗摆在一起，简直就是男茶碗和女茶碗。“三四百年前的茶碗，姿态是健康的，不会诱人作病态的狂想。菊治把自己的父亲与文子的母亲看成两只茶碗，就觉得眼前并排着的两个茶碗的姿影，仿佛是两个美丽的灵魂。而且，茶碗的姿影是现实的，因此菊治觉得茶碗居中，自己与文子相对而坐的现实也是纯洁的。”然而，文子后悔把母亲的遗物送给菊治，要求菊治把它打碎。最终还是文子下手，摔碎了它。也许文子真正担心的是“菊治拿它和更好的志野陶作比较”。摔碎的、失去的，才是最好的。文子如同口吃自闭的僧徒沟口，放了一把火，烧掉了金阁寺。

柳宗悦在《日本民艺之旅》一书里写道：“叫做‘志野’的产品，据说是根据茶人志野宗信的喜好制成的。通常是在半透明的厚白釉下用铁质釉料简单地描绘出花草的纹样，代表了日本的风格，是中国和朝鲜所没有的。”桃山时代的志野陶最为人喜爱，厚实而温润，釉面上随意地显现红色的“火色”和橘皮状的“棕眼”。志野陶富有人间情趣，与中国、朝鲜白瓷的孤高冷漠形成了鲜明的对比。

鶴壽
戊戌小暑

巴黎的“两只蜜蜂”

到了巴黎，三五步就是一间咖啡馆。巴黎的茶室却很少，难碰到。

想必伦敦的茶室会多些吧？看根据简·奥斯汀或E.M.福斯特小说改编的电影，下午茶场景一个接一个。一道海峡，把英法两国的饮食习惯，划分开了。

和咖啡一向情深缘浅。尽管，我常泡咖啡馆，有名无名的咖啡馆不知去了多少，可多半不是去喝咖啡，而是喜欢咖啡馆的“公共空间”，喜欢闻（不是喝）咖啡，喜欢在里面和朋友聊天，有隔岸观火的意思，也有隔靴搔痒的意思，反正，和咖啡总是“隔”了一层。对咖啡，我很敏感，不光是喝了会失眠，还会感到燥热上火甚至心跳加速，像是坐在那一动不动地跑了一千米，尤其是意大利浓缩咖啡（espresso），一口灌下，身体马上有反应。

茶，就不一样了。一向和茶情投意合，难分难舍。到了巴黎，瓜片、毛峰、龙井这类绿茶，不易喝到。尽管我随身带了一小罐蝙蝠洞瓜片，可入住的小旅馆没有开水供应，老板图省事，不想特地为我烧一壶开水，他说用微波炉帮我把水弄开。我一听，免了免了，不喝了。

行前做功课，知道巴黎有几家西式茶室不错，至少可以喝到红茶吃到茶点。我瞅准了一间叫“两只蜜蜂”（Les Deux Abeilles）的传统茶室，一天午后，从盖布朗利博物馆拐个弯步行几分钟就到了这间门面不起眼的小茶室。此店由母女俩打理，两三个雇员。空间不大，放了四五张小桌子，附带一个明媚翠绿的后院，似乎把室内空间也激活了照亮了。茶室内部，普罗旺斯印花棉布墙纸，古色古香；老式橱柜立在一侧；雪白的桌布错落有致地铺了三层。我要了一壶锡兰红茶，一块樱桃馅饼。因为去过斯里兰卡，所以对锡兰茶格外偏爱，色泽上也比印度大吉岭茶要鲜艳，白瓷杯里嫣红的茶汤，未成曲调先有情，看起来舒服喝起来也就跟着舒服了。所谓樱桃馅饼，类似苹果派，只是将苹果换成了樱桃，但滋味天壤之别。吃完，无聊，数了数盘子上的樱桃核，居然有十一粒之多，尽管价格不便宜，但物有所值。一块饼下肚，意犹未尽，记得 Lonely Planet《巴黎》一书说这家的玛德莲蛋糕（普鲁斯特在《追忆似水年华》里有大段关于玛德莲的回忆）不错，打算点一份。但服务生说她们店从未卖过玛德莲，可见，有“旅游圣经”之称的 LP 也是靠不住的。于是，另要了一份司康饼，酥香松软，配上自制的果酱和凝脂奶油（clotted cream），无疑锦上添花。我就好司康饼这一口，觉得是天底下的至味。我有一位朋友也好这一口，我俩几乎把新加坡最好的司康吃了个遍。可是，吃了两只蜜蜂的司康，才知山外有山，天外有天。

读张爱玲《谈吃与画饼充饥》，知道张姑奶奶也是喜好司康饼的，她对司康的评语是“轻清而不甜腻”，倒是一语中的。

在两只蜜蜂的那个午后，是我巴黎一周中度过的最轻松自在的两小时光阴。

杰弗雷·巴瓦的咖啡馆

八九年前，一个偶然的机会看到斯里兰卡（旧称锡兰）建筑大师杰弗雷·巴瓦（Geoffrey Bawa，1919—2003）的一些图片资料，第一眼就被他设计的建筑、花园、室内景致所震慑。我那刻的反应只有一个字：美！当然，天底下的美丽建筑比比皆是，但美到巴瓦这个份上，就寥寥无几了。亚洲另一位设计大师贾雅（Jaya Ibrahim）几个月前从自家楼梯上不慎摔下去世，这位印尼的天才设计师和巴瓦一样，具有非比寻常的美感。可惜，“高明之家，鬼瞰其室”。

巴瓦终身未婚，没有后代，他的品位和他的艺术血脉，也就成了绝美。细想想，不乏遗憾甚至悲哀。“为了巴瓦，一定要去一次斯里兰卡”，我在心里一直盘算着。好在 2009 年，斯里兰卡终于结束了二十多年的内战，门户开放。不安全因素一旦剔除，踏上这片神圣国土的愿望也就变得容易实现了。

搭乘虎航飞行四小时，即抵达科伦坡。尽管行政首都已经迁至科伦坡南郊的斯里贾亚瓦德纳普拉科特（天哪，这么长的名字，谁能记住？），但科伦坡在世人的心目中仍旧是这个国家的“首都”。特别提一下，科伦坡和新加坡的时差是两小时半，第一次知道时差的单位还有以半小时计的。

不少旅游书都说科伦坡是个乏味的城市，不过是观光客南下加勒城堡和北上众多佛教遗址及圣城的短暂停留地。确实，由于连年内战的关系，科伦坡显得破败、嘈杂、混乱，但你只要用心细细体会这座城市，你还是可以感受到它的独特景观与文化底蕴，譬如：建于 1864 年的殖民老酒店 Galle Face Hotel，印度洋的绚丽夕阳，荷兰老医院改建的“科伦坡新天地”，藏品丰美的国家博物馆，郊外的凯拉尼亚王家大寺院（Kelaniya Raja Maha Viharaya），更何况还有杰弗雷・巴瓦——锡兰的国宝或称另一种意义的“国色天香”。杰弗雷・巴瓦出生于斯里兰卡一个贵族之家，父母都有西方血统。他从小受到良好的教育，曾在剑桥学习英国文学和法律。深爱艺术和建筑的他，做了几年不快乐的律师后，又去英国改学建筑，在三十八岁时才成为注册建筑师。

他与比他年长十岁的哥哥贝维斯・巴瓦并称巴瓦兄弟，哥哥是著名的雕塑家和景观设计师，也写小说，不过，在国际上的名气远不如弟弟。兄弟俩长得皆瘦高潇洒，混血的外貌使他们看起来别具魅力，尤其哥哥贝维斯更是英俊无比。巴瓦兄弟都是“同志”，极致的唯美主义，这从他们庄园（哥哥的 Brief Garden 和弟弟的 The Garden at Lunuganga）里无处不在的裸男雕塑也可猜到几分。杰弗雷・巴瓦设计的酒店、私宅、花园、大学、宗教场所、政府机构大楼，遍布斯里兰卡多个城镇。不过，由于时间关系，我在科伦坡只看了他两个代表性的建筑：The Galllery Cafe 和三十三巷十一号故居。

正如前面所说，科伦坡市区一派喧哗零乱，但拐入 Alfred House 路，也就拐入了宁静与幽雅，刹那间，境界翻转。这里曾经是杰弗雷・巴瓦的工作室，如今成了 The Gallery Cafe。走进白色墙面的大门，树影婆娑，地上晃动着斑斑光点，仿佛一脚踏进了梦幻之地。步入内门，就是著名的“长形水池”，水池里漂着三朵紫色花球。这个画面我在网上看了无数次，真的到了现场，还是心里“为之一动”。水池的比例与色泽有一种不可思议的美，这是老天赋予巴瓦的“神来之笔”，后天是学不到的。立在池边，顿时成了词穷的薛蟠，心里一个劲地咕哝“那么、那么、那么”的美。

穿过水池左前方的走廊，即进入一片较为开阔的咖啡座庭院，这也是整个建筑的主场景。没有冷气，只有吊扇，四周草木扶疏，与自然融为一体，很有热带风情。一侧墙前还陈列着几个硕大的坛坛罐罐（巴瓦喜欢用大罐子作为景观的装饰），有意想不到的奇妙效果。我是正午辰光抵达的，按理正是一天的最热时段，院落里倒很阴凉、幽悄，让人心安理得。我点了黑猪肉配咖喱及米饭，加上一杯青柠檬汁。猪肉烧得很烂，类似绍兴的霉干菜炖肉，味道颇醇香，没想到在科伦坡能吃到如此佳肴。巴瓦用过的长条工作台如今成了摆放蛋糕的桌子，也算是对巴瓦的纪念。

天上一日，地上一年。好时光总是过得飞快，转眼下午三点，我付款走人，搭了一辆嘟嘟车，轰然开向 Bagatelle 路三十三巷十一号巴瓦故居。

在印度喝茶

世界四大红茶为：中国祁门红茶，印度阿萨姆红茶，印度大吉岭红茶，锡兰乌巴红茶。印度一国占了两席，可见其作为红茶大国的地位。

去印度之前，我喝过大吉岭红茶和阿萨姆红茶。就汤色而言，我喜欢阿萨姆的深红浓烈；大吉岭茶，冲出来呈金黄色，如同香槟，高雅是高雅，但就是少了红茶该有的鲜艳色泽。反正，我现在“重口味”，偏爱味厚色红的阿萨姆。

到了德里，酒店的自助餐提供一种加了各种香料（豆蔻、桂皮、丁香、老姜等等）的奶茶，叫做“马萨拉茶”。尝了第一口，当即爱上，每天都要喝上几杯才过瘾。印度饮食离不开香料，走到哪，空气里都弥漫着香料味——可称之为“印度味道”。这种味道渗入到印度人的发间、衣服，甚至肌肤深处，它似乎成了身体的一部分。记得读印度女作家基兰·德赛获 2006 年布克奖的小说《失落》，里面的主要人物老法官，留学英国期间，因身上的“印度味道”而变得自卑，终日躲在小屋里，羞见人群。那是一段他不愿念及却又不断在脑海中闪回的屈辱记忆。由此可见，气味作为印度人的鲜明特征，于游客而言是一种不痛不痒的“话题”，于部分印度人而言，或许就是一种无法摆脱的魔咒。

制作马萨拉茶一般用阿萨姆茶叶，心里想着买些阿萨姆茶带回来。先去了一间条件不错的超市，只有阿萨姆袋泡茶，没有散装茶。袋泡茶，一个味，如同连锁产品，提不起购买欲。于是继续找，又去了一个当地普通百姓购物的露天市场 Sarojini Nagar Market，逛了一圈，仍旧没买到优质阿萨姆散茶，看来还是没找对路子。接下来，我们会从德里飞列城，朋友安慰：或许在列城可以买到阿萨姆茶。遗憾，在列城满大街寻问阿萨姆，终究不得。

列城是印控克什米尔拉达克地区的首府，东部与我国西藏阿里地区接壤，在文化方面很像西藏，故有“小西藏”之称。此地区完好保存了大量藏传佛教寺院和壁画，精美绝伦。由于列城海拔三千五百多米，初次抵达，不少人会有轻度高原反应症。我们同行的几位朋友无一幸免，前两天，大家头痛不已，动辄气喘吁吁。最好的办法就是在房间里静坐喝茶，度过适应期。有位来自福建的大姐，擅长泡茶，随身携带电水壶、茶具和茶叶。高原气压低，电水壶煮水，即便沸腾也没有一百度。不过，比起餐厅提供的开水（简直就是温吞水）要受用多了。在列城的头两天，我们一杯杯喝着武夷岩茶，大红袍、水仙、肉桂，一款一款轮流上场，茶点是当地特产奶酪干和杏子干。“无事此静坐，一日似两日”，倒也乐得悠闲自在。

中秋之夜，是我们在列城的第四晚，一位东北的兄弟形容月亮是“贼亮贼亮”，描绘星星是“傻大傻大”，拉达克的月亮和星星，纯净透明，如同玉石珠宝，实在有点超现实。我从行李箱里翻出一罐六安瓜片，中秋节，怎么也得喝一杯安徽绿茶呀！家乡观念往往在最要紧的时刻跳将出来。

今夕乘月开窗，天低月近，对月能无茶？把盅轻声邀月饮，明月正堪为友。

夜滋味

普鲁斯特洋洋洒洒七厚卷的《追忆似水年华》，最令人津津乐道的是什么？对了，就是“小玛德莱娜”蛋糕；《红楼梦》里的饮食譬如螃蟹宴、茄鲞、糟鹅掌鸭信、烤鹿肉等等，更是叫人垂涎欲滴。看电影看电视，也一样。我特别喜欢意大利（土耳其裔）导演佛森·欧兹派特（Ferzan Ozpetek），因为他的电影总有吃吃喝喝的场面，一桌人都是“话痨”，美味佳肴进去，连珠妙语迸出，哎呀，真是过瘾，哪怕是面对银幕画饼充饥过把干瘾。

当然，一日三餐，多在白天，普通人家晚餐通常也不超过八点。至于夜间吃喝，大概更加有滋有味吧！夜间工作者——艺术家、舞女、牛郎、三班倒的、送报的、夜巡的、偷盗的、偷情的等等，总免不了吃个夜餐，于是有了夜间饭馆，日本叫“深夜食堂”——我最近就看了这部同名日剧。一共十集，每集二十多分钟，如精炼的小品。《深夜食堂》讲述了发生在一个小餐馆的故事，食堂晚上十二点开业，早上七点打烊。这里的菜单只有猪肉套餐一种，但是老板可以根据客人的要求利用现有食材做出各种美味料理：红色香肠、日式鸡蛋烧、烤鱼卵、猫饭、茶泡饭、土豆色拉、牛油拌饭、猪排盖浇饭、鸡蛋三明治、酱油炒面、烤竹荚鱼、拉面、烧烤帝王蟹。每款料理背后又牵出了一段感人的故事。尤其第七话“鸡蛋三明治”——电影女明星和穷大学生（送报打工）有始无终的恋爱。看完后，对这些食物平添兴趣，隔天一早我就去“面包物语”买鸡蛋三明治，又去吃猪排盖浇饭、拉面，这几样都好寻，似乎味道真的焕然一新，我心里笑自己根本就是“心理作用”，同样的食物以前也不觉得咋样呀！至于猫饭，就是将腌制的鲣鱼干刨成薄片，放在热乎乎的米饭上，然后淋上酱油。猫饭在新加坡是吃不到的，以后去日本可以尝试。牛油拌饭，贵在创意，自己可以做，但一定要用上等的日本米。

剧中的店老板由著名演员小林薰饰演，很巧，我刚看过《东京铁塔：妈妈和我，有时还有爸爸》，他在片中饰演爸爸，而儿子的扮演者小田切让也在《深夜食堂》里客串了流浪者一角。小田切让衣着怪异，围巾长袍，披披挂挂，有波希米亚之风，不过真还想不到第二人能把围巾长袍穿搭得如此俊朗且妖娆，是的，小田切让就是这样的男人。

我小时候，整个国家很封闭也纯朴，没有夜生活没有夜宵。大概只有三班倒的工人或偶尔值夜班的员工，有机会在夜里吃饭。那年我六七岁吧，爸爸要去单位值夜班，我死活不放人。他好说歹说总算说服了我，不过，我开出的条件是：给我带一份食堂的饭回来。他刚要出门，我大喝一声：“站住，给我回来！”爸爸一时没反应过来。母亲在一边看不过去，冷冷道：“对你爸就这个态度？一点规矩没有。”我是有点怕母亲的。立马换了口气，小声提醒爸爸：“你忘了拿饭盒了。”

通常，爸爸值夜班十二点多就可以回家了。时间过得很慢，我焦急地等着，硬撑着不让自己睡去。家里的三五牌挂钟“当当当……”敲了十二下，不久，走廊传来了脚步声，爸爸开锁进门。我躺在被窝里抱着饭盒——其实就是大搪瓷杯，打开一看，饭上是萝卜烧肉，有红红的浓浓的汁。那年头，萝卜好吃肉好吃，萝卜烧肉更好吃。我迷迷糊糊把一杯饭吃了一半，就迷迷糊糊睡着了。至今回味起来，口齿含香，无疑它是我吃过的最美一餐。对一个孩子来说，半夜吃饭太神秘太刺激了！

我家住纺织厂宿舍，上高中的时候，搬来一位邻居，一个独居的老太太。大人们背后嘀嘀咕咕说她旧社会做过妓女，新中国成立后从良，从上海下放安徽，当了纺织女工。这位邻家阿婆闲时会哼唱周璇的《四季歌》：“春季到来绿满窗，大姑娘窗下绣鸳鸯。忽然一阵无情棒，打得鸳鸯各一旁。”一把年纪了，音色还是娇滴滴的，好听，尽管不是专业歌喉，但声音里有老岁月的气韵。联想到电影《花样年华》上映那年，梁朝伟张曼玉施施然携手上“春晚”，合唱插曲《花样年华》，“花样的年华，月样的精神”，一开口味道就对，旧情旧调不浮不躁。两人也都不是专业歌手，发音也不标准，但往台上一站，该有的都有了。

还有，当时一般人家六点左右吃晚餐，阿婆不是，经常九点十点吃晚饭，走廊里飘着从她窗户传出的饭菜异香，明明灭灭，袅袅落落，如同隔岸烟火，别提多诱人了，对我们这些半熟少年，大概这个窗户传出来的味道还另有一层“香艳”信息。

大学期间，夜自修后，最大的享受就是去校园侧门外，买两个“油墩子”（萝卜丝饼）解馋。现在年轻一代的上海人只晓得生煎馒头、小馄饨、小笼包，大概已经不知道风靡一时的油墩子了。上海毕竟有夜生活的传统，20世纪80年代起慢慢恢复夜上海的本色，这种生活方式也影响到校园。学生吃夜宵，蔚然成风。学校按时熄灯，但人人备有台灯，且偷偷用电炉煮面条当夜宵的也不乏其人。

毕业后，分配回老家，在省报做编辑，开始几年上夜班，每天深更半夜才收工。回家的路上就和同事L去吃夜宵。那个时候脚踏赛车刚开始流行，我赶时髦买了一辆，L随后也去买了一辆，下班路上，两个人刷刷地划过来划过去，像两个夜精灵。疯起来就骑在马路中央，你追我赶。当时合肥城隍庙一带有几摊食铺，夜间营业。辣糊汤（合肥的美食）、炸臭干、糯米圆、鸡汤面，价廉物美，大冬天里也能吃得浑身热腾腾，受用极了。

新加坡陆续开了二十四小时营业的麦当劳，也有一些二十四小时营业的食摊，但像《深夜食堂》里“老板可以根据客人的要求利用现有食材做出各种料理”的特色店似乎没有。这样的店大概也只能存在于“作品”里。“作品”反过来也能指导现实，日本就因此剧，推出了“深夜食堂”系列料理。

去年搬家，搬运工将七八个箱子堆在小屋里，我打不起精神拆箱整理。正是掌灯时分，也是晚餐时间，不觉饿，只觉恍恍惚惚。居然一身臭汗没有冲凉倒头就睡。一觉醒来已是夜里一点，起身洗漱一番，顿觉饥肠辘辘。忽想到，搬家路上看到一间7-ELEVEN，大抵就在附近，下楼摸索一阵，很快找到，买了一袋苏打饼干，还看到真空包装的“怀柔甘栗”，顺手一并拿了。这两样都不是什么稀罕食物，不过，真是很久很久没吃了。一口又糯又醇的板栗，再一口又脆又香的饼干，午夜街头我这样边走边吃，很荡漾。我曾在繁华的乌节路附近住过，那时周末喜欢看午夜场电影，散场后步行回去，城市的夜色总是暧昧迷惑，要了解一个城市，必须了解这个城市的“夜色”。搬离市中心后，我养成了早睡早起的习惯，再也没有午夜出游，搬家那天倒是破例了。

《金瓶梅》里的“食”

看了《红楼梦》里的饮食，总让人惊叹，惊叹之余又深感自卑。《金瓶梅》就不同了，二十三回，潘金莲、孟玉楼、李瓶儿一群娘儿们，下完棋后大吃红烧猪头肉（宋蕙莲用一根柴禾，一大碗油酱并茴香大料，不消一个时辰把个猪头炖得稀烂），实在是市井富商家庭的实惠乐趣，试想贾府里十二金钗聚在一起啃嚼猪头肉成何体统？然而，《金瓶梅》的可爱之处也就在这种地方。让一群花枝招展的女人围桌饱享猪头肉的口福，中国旧小说除了《金瓶梅》哪里去寻！

不需要深思，也知道饮食内容很大程度上决定了色欲的寡强，佛家素食制的建立主要是为了不杀生、培养慈悲心，没错，可素食制还有一个不可忽视的作用：让人清心寡欲。否则，为什么葱蒜、韭菜一类刺激情欲的蔬菜也被拒于佛门之外？纯粹用培养慈悲心来解释就讲不过去了。

猪头肉这种食物有一种原始感，吃起来连吮带吸，啃嚼抠挖，吃相甚是不雅，带有很大的色欲象征。说它是“性欲替代”我看也有几分道理。金莲、玉楼、瓶儿正值“虎狼之年”，啃噬猪头肉给她们带来的满足感不言而喻。

不光是猪头肉，《金瓶梅》里动不动就是猪蹄、肥鹅、烧鸭、熟肉、糟鱼这些大碟大碟上桌，当然也有精细菜肴和各色茶点，但总体来说，和《红楼梦》里的食物不可同日而语，也看出南北饮食文化的差异。《红楼梦》里有一回写大雪天宝玉和一群女孩烤鹿肉吃。烧烤（barbecue），烟熏火燎的，谈不上风雅，但给曹雪芹一写，就不同了。鹿，在动物中是有灵气的，鹿肉，自然也是高格调的，非鸡鸭鱼肉可比，大雪为背景，烤鹿肉就成了雅事，若大观园里烤猪肉，就俗了。

《金瓶梅》里也有吃蟹，但草草了事，哪里像《红楼梦》里铺张奢华。三十五回，常在西门庆家走动的食客应伯爵（书中最有趣的人物）要吃螃蟹，西门庆道：“傻狗才，哪里有一个螃蟹！实和你说，管屯的徐大人送了我两包螃蟹，到如今，娘们都吃了，剩下腌了几个。”又吩咐小厮去拿腌螃蟹来。腌蟹上来，应伯爵和谢希大（西门庆的另一个酒肉朋友）两个抢着吃得净光。吃蟹，图的是新鲜，腌制的螃蟹竟也把应、谢两人稀罕成这样，和刘姥姥有什么区别？

“风流茶说合，酒是色媒人。”这话用在《金瓶梅》上再恰当不过了。西门庆和潘金莲初次约会就在王婆的茶坊里。王婆先是给两人各递了一盏茶，但若要“干那好事”，靠“茶力”

是不够的，非借助“酒力”不可。王婆又去买来酒食推波助澜。果然三盅酒下肚，两人一触即发。酒，和王婆一并成了媒人。

《金瓶梅》这样一本七情六欲的书，其中自然少不了大量的饮酒场面。郑培凯教授写有《〈金瓶梅词话〉与明人饮酒风尚》一文，是篇下了功夫的论文，但又不乏趣味。大凡通读过一遍《金瓶梅》的人都知道书中最常提的是“金华酒”。据郑培凯先生的考证，金华酒在明代是全国最为风行的酒之一，它“是一种偏甜的黄酒，性温，多饮无害，而味道香醇，当然受人欢迎，尤为妇女所好”。可现在提到金华，只知道火腿，根本不知金华酒，好比几百年后，茅台、五粮液销声匿迹一般，这也为“世事无常”提供了一个证据。

西门庆除了喝金华酒、麻姑酒、烧酒、葡萄酒，还时不时喝些新奇的药香花酒，譬如：菊花酒、茉莉花酒、木樨荷花酒、竹叶青酒。这些香艳的花酒，可以看出西门庆不断翻新花样的性格，也透露了晚明颓废又不失绚烂的风气。

值得一提的是《金瓶梅》里吃“鞋杯”的描写。第六回写道：“少顷，西门庆又脱下她（指潘金莲）一只绣花鞋儿，擎在手内，放一小杯酒在内，吃鞋杯耍子。妇人道‘奴家好小脚儿，官人休要笑话。’”

饮“鞋杯”大概是古时浮浪子弟与妓女、小妾饮酒作乐常玩的把戏，沈德符《敝帚斋余谈》里就有“妓鞋行酒”的记载。我在杂志上见过王家卫写香港电影明星林黛：“林黛本身是很传奇的，譬如在她生日时，她丈夫兴之所至，脱了她的高跟鞋盛酒喝，我觉得很香艳。”看了就想到《金瓶梅》。古人吃“鞋杯”大抵是将酒杯置于鞋中，林黛丈夫似乎直接把高跟鞋当了酒杯，荒唐更胜一筹。

因见秋风起

晋朝的张翰是苏州人，在中原洛阳做官，别的都还能忍受，就是放不下江南的美食。他呀，“因见秋风起”，忽想到家乡美味的莼菜和鲈鱼，顿然开悟，觉得官场实在影响了自己的生活质量，便弃官还乡大饱口福去了。李白诗中写道：“君不见吴中张翰称达生，秋风忽忆江东行。且乐生前一杯酒，何须身后千载名。”

眼下又到“秋风起，蟹脚痒”之际，尽管这个秋季受雾霾影响，可还是要一如既往地去首都酒家吃大闸蟹的。说实话，进口到新加坡的大闸蟹已经算是上上等了，首都酒家的售价也很公道，是星洲吃大闸蟹的最佳去处。可是近些年，大闸蟹的味道远不如以前。现在大闸蟹多是人工养殖，野生的几乎吃不到，别说大闸蟹，就是鲫鱼也少有野生的了，野生大黄鱼就更稀罕了。

《红楼梦》里贾宝玉《螃蟹咏》曰：“脐间积冷馋忘忌，指上沾腥洗尚香。”以前吃了螃蟹，确实是“指上沾腥洗尚香”，大闸蟹的腥香，浓郁极了，隔日不散，令人有吮指之念。大闸蟹“腥香”与水产市场的腥味截然不同。可是现在吃了大闸蟹，手上也没什么螃蟹香了，随便用水冲冲就淡而无味了。（我很担心哪一天吃了榴梿，手上也没有榴梿味了，谁也不敢保证不会有这一天。）大闸蟹不仅味道乏了，力道也乏了。以前的大闸蟹，脚爪毛茸茸的，泛着金光，性感雄壮，骄横跋扈。小时候被蟹钳子咬一口，疼一周；现在它们咬你一口，没啥事。大闸蟹已经失去野性和力量了，没有劲道的大闸蟹，肉也不会饱满和紧实，怎会好吃？

当大闸蟹沦落到这般地步，真不如吃以假乱真的“赛螃蟹”了。前几年，潘受的女儿回新加坡，王如明、李金源两位前辈做东，我叨陪末座，地点选在“百龄麦旋转酒楼”，他们那道赛螃蟹真是名不虚传，用干贝和蛋白等为原料，滋味和大闸蟹确实有得一比，让我念念不忘。

20 世纪六七十年代，大闸蟹在中国也算不得矜贵食物，我从小生长在合肥，合肥本地人不欣赏大闸蟹，它的价格比鸡鸭鱼肉还低。因为合肥有不少上海人下放来此，把价格略微抬高了，否则还要便宜。作家严锋在微博里写道：“我小时候就生活在阳澄湖边上，我抓过的金爪黄毛大闸蟹也不知有多少，那时的我宁愿用一百只最正宗最野生的大闸蟹换一块红烧的肥肉。”他的话，颇能代表当时穷小子的心态，当人们肚子里油水不足时，那一丝几缕螃蟹肉顶个屁用。我记得古龙先生一句名言：“什么都是假的，只有红烧肉是真的。”看到这句话，我就想把它送给“严锋们”，他们最懂。螃蟹的价格也反映了生活的富庶程度，当温饱不是问题时，人们追求精致的饮食生活，大闸蟹也就跟着飞黄腾达了。

你看看《红楼梦》三十八回，再看看张岱《陶庵梦忆》卷八那段“蟹会”文字，就知道吃螃蟹是可以富丽堂皇的。我佩服薛姨妈这个人，王熙凤剥了蟹肉，让薛姨妈吃，薛姨妈道：“我自己掰着吃香甜，不用人让。”可见，薛姨妈懂吃，有些东西只有自己动手操作才好吃，嗑瓜子也是，剥好的瓜子仁，吃起来就少了滋味。

金宇澄的《繁花》第八章写一男五女秋天蟹肥时节，赴常熟饭局，写得精彩。金老师对吃喝玩乐兴趣不大，饭桌上，他关注的是人，是人的心理活动。第八章金老师写吃螃蟹，倒是别开生面，你想想《红楼梦》和晚明张岱把写吃螃蟹都已经写绝了，很难超越了，金老师却有他的招数。宴席上，苏安问大家，螃蟹身上什么地方最有营养、最滋补？大家都猜不到，苏安公布答案：“就是蟹脚的脚尖尖，人人不吃的细脚尖，一只蟹，只有八根细脚尖，这根尖刺里面，有黑纱线样的一丝肉，是蟹的灵魂，是人参，名字就叫‘蟹人参’。”苏安进一步发挥：“正宗大闸蟹，可以爬玻璃板，全靠这八根细丝里的力气。”这当然是小说笔法，看官听听而已——金老师来新加坡，我问过他这个说法的来源，他说在阳澄湖吃大闸蟹时，听说的。不过，这段话借苏安之口说出，不无道理，苏安是徐总的助理和秘书，是个不动声色的厉害角色，是可以“爬玻璃板”的。

小说，说到底还是写人情世故，吃，不过是个“借口”，金老师深谙此道。